U0015576

楊‧布里斯的陀飛輪擠花甜點聖經

TOURBILLON

楊‧布里斯 Yann Brys_____ 著　　　羅宏‧胡弗雷 Laurent Rouvrais_____ 攝影　　　韓書妍_____ 譯

前言 Avant-propos

我生在一個很懂得享受生活的家庭，尤其因為母親很早就帶著我享用甜點，從很小的時候就啟蒙了我對甜點的認識。

慢慢地，年輕時代我開始參與甜點製作，並在角逐「法國最佳工藝師」大賽時重新詮釋甜點作品，呈現出不一樣的版本。早在數年前就已經創造的「陀飛輪」手法，便是在此時受到大賽評審青睞。

向來支持我、陪伴我的媽媽，在製作本書的過程中離開了人世。童年時代的甜蜜回憶引領我使用某些食材，現在我要把這本書獻給妳，媽媽。

在料理的世界中創造作品，是一門稍縱即逝的藝術，這項藝術必須提昇風味，同時也必須透過誘人的可口外型吸引人心。「陀飛輪」技法一如許多發明或創造，是無意中成形的。我完全沒有想到，這項技法後來竟為世界各地的人們所知並採用。「陀飛輪」的創造非常「甜點」，因

為這來自手工的法則，也就是擠花。擠花是學習專業甜點的入門技法，而且會不斷使用到。因此我和位於索爾－夏爾特（Sauls-les-Chartreux）的艾松訥（Essonne）的店家打造「陀飛輪甜點」品牌也是自然而然的事。

我希望在本書中呈現使用這項技法創造甜點的概念。食譜務必使用好的原料，這是優質甜點的重點所在。風味平衡、不過甜，同時又甜美迷人，這就是我日日實踐的守則之一。品味甜點時當然也要放入感情，用心品嚐。

這項工作令我的每一天都充實無比，每天製作高雅的甜點使我快樂無比。由於我愛好美食，光是想到尚未製作出來的甜點就讓我垂涎三尺。且讓這本反映了我對甜食情感的食譜書引領諸位吧。

Yann Brys　楊·布里斯
Meilleur Ouvrier de France　法國最佳工藝師

Mon « tourbillon » est né en 2004 de l'envie de rayer
une galette en la faisant tourner.

2004年，當時我想製作有漩渦飾紋的派，一邊旋轉派的同時，
我的「陀飛輪」於焉誕生。

推薦序 Préfaces

非常榮幸也非常高興能夠為我的好友楊·布里斯撰寫本書的推薦序。

我們相識多年，擁有相同經歷：參加眾多比賽、已為人父，然後擁有自己的事業。楊是很少見的人，真誠、忠實、勇敢、充滿創造力，而且真心為他人著想又善良。

我看著他成長，成為我們這行的重要人物之一，他了解這一行所有的細節規則。優雅製作視覺效果，結構無懈可擊，風味強勁但嚐起來相當均衡的甜點。他的技法非常完整，還成功發展出自己的風格。世界各地誰沒有使用過他的陀飛輪技法呢？這項由楊創造出來的巧妙技法也帶來無數競爭者，從磅蛋糕、塔派、慕斯蛋糕、冰淇淋……處處可見，已然成為他的正字標記。

請從容閱讀本書的字字句句，以便全然吸收這位甜點高手的才華精髓。

Christophe Michalak　克里斯多夫·米夏拉克

能夠為本書寫幾句推薦的話，著實令我高興又感動，您將在書中認識這位發明「陀飛輪」技法的男人。

這項技法現在已經成為代代相傳的法式甜點經典手法之一了。

楊·布里斯也是一位打造出優美精緻蛋糕的甜點師傅，一切都精準再精準，從滋味、質地，甚至到裝飾。甜美如珠寶般精美的蛋糕背後，是一位慷慨又正直善良的男人。

楊在2011年榮獲「法國最佳工藝師」頭銜，他認為有必要傳承自己的所學所知。這本書，就是他的智慧結晶。

展讀愉快。

Nicolas Boussin　尼可拉·布桑
Meilleur Ouvrier de France　法國最佳工藝師

目錄 Sommaire

✤ 標示品項為無麩質甜點

Citron

檸檬塔

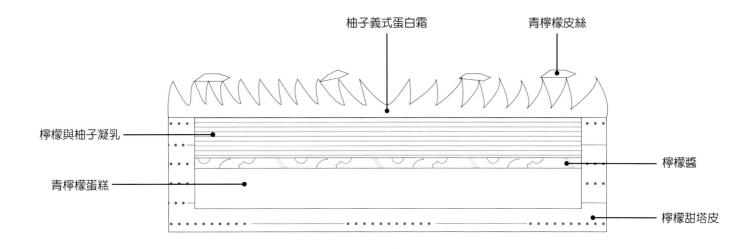

柚子義式蛋白霜

青檸檬皮絲

檸檬與柚子凝乳

檸檬醬

青檸檬蛋糕

檸檬甜塔皮

材料

分量 / 小塔8個　　準備時間 / 1小時30分鐘　　烹調時間 / 40分鐘　　冷藏時間 / 2小時30分鐘

檸檬甜塔皮
PÂTE SUCRÉE CITRON

奶油90公克
T55麵粉140公克
細白砂糖27公克
有機黃檸檬1/2顆，皮刨細絲
精鹽0.5公克
杏仁糖粉（等量麵粉與杏仁粉混合）
　　50公克
全蛋25公克

青檸檬蛋糕
BISCUIT MOELLEUX ET CITRON VERT

生杏仁膏110公克
全蛋57公克
有機青檸檬1顆，皮刨細絲
馬鈴薯澱粉9公克
杏仁粉17公克
蛋白16公克
細白砂糖5公克
融化奶油38公克

檸檬醬
MARMELADE CITRON

新鮮有機黃檸檬125公克
精鹽1公克
黃檸檬汁10公克
青檸檬汁10公克
細白砂糖50公克
有機青檸檬1/2顆，皮刨細絲

檸檬與柚子凝乳
CRÈME CITRON ET YUZU

有機青檸檬2顆，皮刨細絲
全脂鮮乳36公克
全蛋200公克
細白砂糖140公克
柚子汁39公克
檸檬汁45公克
新鮮奶油215公克

柚子義式蛋白霜
MERINGUE ITALIENNE YUZU

蛋白60公克
細白砂糖120公克
水25公克
柚子汁7公克

裝飾

青檸檬皮細絲

工具

直徑11公分切模1個
直徑8公分塔圈8個
擠花袋
0.8公分圓形擠花嘴1個
no.104裝飾用擠花嘴1個
噴槍1個
電動轉台1個

製作步驟

檸檬甜塔皮

依照176頁的方法製作甜塔皮麵糰。麵糰擀至0.2公分厚，以切模切出8片直徑11公分的塔皮，再鋪入塔圈，冷藏備用。

青檸檬蛋糕

烤箱預熱至165°C。混合杏仁膏和蛋液。加入青檸檬皮絲，接著加入馬鈴薯澱粉和杏仁粉。以電動打蛋器打發蛋白，再加入糖打發至光滑緊實。小心地將打發蛋白倒入杏仁膏混合物，以刮刀輕輕拌勻。加入降溫的融化奶油混合均勻。塔底擠入蛋糕混合物，烘烤15分鐘（A）。檢查塔皮底部，確認熟度。取出冷卻至室溫。

檸檬醬

黃檸檬不去皮，直接切小塊放入鍋中，倒入冷水蓋過檸檬塊。煮至沸騰後關火。瀝乾檸檬塊，然後以冷水沖洗。加入鹽，重複此步驟。檸檬塊再度放入鍋中，倒入冷水蓋過檸檬塊，並加入兩顆檸檬的汁，煮至微沸，以此狀態煮約10分鐘。取出瀝乾並沖冷水以停止加熱。檸檬放入食物調理機，加入糖，打碎至質地細緻濃郁。倒入調理盆，加入青檸檬皮絲。冷藏15分鐘。

檸檬與柚子凝乳

檸檬皮絲和牛奶放入鍋中（B）。煮至沸騰後離火。加蓋浸泡5分鐘。全蛋加入糖打發至顏色變淺，牛奶過濾倒入打發全蛋（C）。加熱柚子和檸檬汁，再倒入打發全蛋，加熱至85°C，一邊不停攪拌。靜置冷卻至45°C，然後加入切小塊的奶油。以手持攪拌棒攪打至凝乳滑順濃郁（D）。倒入裝有0.8公分圓形擠花嘴的擠花袋，冷藏靜置約2小時。

柚子義式蛋白霜

使用電動打蛋器打發蛋白。糖加熱至121°C。糖漿倒入蛋白中，一邊繼續攪打，並加入柚子汁。稍微降溫後，倒入裝有no.104裝飾擠花嘴的擠花袋中，置於一旁備用。

組合和裝飾

塔底塗抹一層薄薄的果醬（E），然後擠入柚子凝乳至略為隆起，表面以抹刀整理光滑（F）。冷藏15分鐘。取一個小塔放在電動轉台上，為柚子檸檬凝乳擠上仍溫熱的蛋白霜（見184頁，基礎）。重複相同手法至完成所有小塔。用噴槍烘烤蛋白霜表面至焦糖化。以青檸檬皮絲裝飾即完成。

青檸檬蛋糕麵糊填入塔皮，接著烘烤15分鐘。

檸檬皮絲和鮮乳放入鍋中，煮至沸騰後關火。

打發全蛋和糖，過濾後倒入浸泡完畢的鮮乳。

加入小塊奶油。攪打至光滑濃稠。

小塔填入薄薄一層果醬。

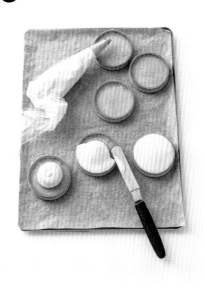

在果醬上擠柚子凝乳至略為隆起。

材料

分量 / 大型塔1個　　準備時間 / 25分鐘　　烹調時間 / 35分鐘　　冷藏時間 / 2小時　　冷凍時間 / 3小時

糖煮紅色莓果泥
COMPOTÉE DE FRUITS ROUGES

細白砂糖 15公克
NH325果膠 3公克
覆盆子果泥 60公克
黑醋栗果泥 25公克
黑莓果泥 25公克
有機黃檸檬汁 6公克

大溪地香草乳霜
CRÉMEUX VANILLE DE TAHITI

魚膠吉利丁粉 1公克
礦泉水 7公克
液態鮮奶油 90公克
大溪地香草莢 1/2條

蛋黃 20公克
法芙娜®歐帕莉絲（Opalys）
　調溫白巧克力 50公克

布列塔尼沙布雷
SABLÉ BRETON

室溫軟化奶油 95公克
細白砂糖 87公克
鹽之花 2公克
香草莢 1/4條
蛋黃 38公克
T55麵粉 125公克
泡打粉 4公克

裝飾

新鮮覆盆子 50公克
新鮮草莓 30公克
新鮮黑莓 10公克

工具

直徑16公分塔圈 1個
直徑18公分塔圈 1個
直徑14公分 Silikomart® 陀飛輪矽膠二連模
　1個
直徑14公分慕斯圈 1個

製作步驟

糖煮紅色莓果泥

混合糖和果膠。果泥和檸檬汁放入鍋中，加入已混合的糖和果膠粉加熱至沸騰。果泥倒入陀飛輪模的其中一邊。冷凍靜置3小時。

大溪地香草乳霜

吉利丁泡水直到膨脹。鮮奶油放入鍋中加熱，然後加入香草莢和刮出的香草籽，離火浸泡4分鐘。鮮奶油過濾後把蛋黃加入。放回爐火上，加熱至83°C，一邊不停攪拌。倒入吸飽水分的吉利丁，再加入巧克力。用手持攪拌棒攪打，靜置冷卻至40°C。倒入底部鋪保鮮膜的直徑14公分圈模。冷凍靜置3小時。

布列塔尼沙布雷

桌上型攪拌器裝上葉片形攪拌棒，在攪拌缸倒入軟化奶油、細白砂糖、鹽之花和刮出的香草籽攪打。慢慢倒入蛋黃，再倒入已過篩的麵粉和泡打粉。
包上保鮮膜，冷藏鬆弛2小時。烤箱預熱至150°C。在直徑18公分塔圈下方放置烤墊，麵糰擀至1公分厚，用直徑16公分塔圈切出圓片之後放入塔圈。烘烤約25分鐘，從烤箱取出靜置冷卻。

組合和裝飾

乳霜脫膜，放在沙布雷正中央。果泥脫膜，放在乳霜上。塔的邊緣和表面以新鮮紅色莓果裝飾即完成。

Fruits rouges

紅色莓果

Mangue bergamotte

芒果香檸檬

材料　分量 / 大型塔1個　準備時間 / 1小時　烹調時間 / 30分鐘　冷藏時間 / 12小時

打發杜絲甘納許（前一日製作）
GANACHE MONTÉE DULCEY

液態鮮奶油73公克
葡萄糖漿8公克
法芙娜®杜絲（blond Dulcey）
　調溫巧克力100公克
液態鮮奶油185公克

檸檬甜塔皮
PÂTE SUCRÉE CITRON

奶油90公克
T55麵粉140公克
細白砂糖27公克
有機黃檸檬1/2顆，皮刨細絲
精鹽0.5公克
杏仁糖粉（等量糖粉與杏仁粉混合）
　50公克
全蛋25公克

椰子蛋糕
BISCUIT MOELLEUX COCO

杏仁粉40公克
糖粉40公克
馬鈴薯澱粉4公克
全蛋50公克
蛋白15公克
細白砂糖5公克
融化奶油28公克
椰子粉20公克
有機青檸檬1/2顆，皮刨細絲

芒果香檸檬糖煮果泥
COMPOTÉE MANGUE BERGAMOTE

細白砂糖45公克
NH325果膠7公克
芒果果肉130公克
香檸檬汁85公克

裝飾

牛奶巧克力薄片
芒果丁
百香果果肉
橘色香草果膠
金箔

工具

直徑18公分塔圈1個
擠花袋
no.106裝飾用擠花嘴1個
電動陶藝轉台1個

製作步驟

打發杜絲甘納許（前一日製作）

鮮奶油和葡萄糖漿放入鍋中加熱。倒入巧克力，用手持攪拌棒攪打均勻。加入冰涼的鮮奶油再度攪打。靜置冷藏12小時。

檸檬甜塔皮

依照176頁的方法製作甜塔皮麵糰。麵糰擀至0.3公分厚，鋪入直徑18公分塔圈中備用。

椰子蛋糕

烤箱預熱至165°C。使用桌上型攪拌器混合杏仁粉、糖粉、馬鈴薯澱粉和全蛋蛋液。以電動打蛋器打發蛋白，再加入細白砂糖打發至光滑緊實。將打發蛋白小心地倒入前者混合物，以刮刀輕輕拌勻。加入融化奶油、椰子粉和檸檬皮絲混合均勻。麵糊擠入塔底，烘烤約20分鐘，檢查塔皮底部確認熟度。靜置冷卻至室溫。

芒果香檸檬糖煮果泥

混合糖和果膠。果肉和果汁放入鍋中加熱至40°C，把糖和果膠粉加入，煮至沸騰後倒入調理盆，放入冰箱冷卻。

組合和裝飾

塔底填滿果泥，用抹刀整平至和塔皮高度等高。以桌上型攪拌器打發甘納許，填入裝有no.106擠花嘴的擠花袋。塔放上電動轉台，在表面擠花（請見184頁，裝飾）。陀飛輪奶油霜上擺上牛奶巧克力薄片，再以芒果丁、百香果肉、橘色果膠水珠及金箔裝飾。

材料

分量 / 小塔12個　準備時間 / 1小時40分鐘　烹調時間 / 20分鐘　冷藏時間 / 30分鐘　冷凍時間 / 2小時

檸檬甜塔皮
PÂTE SUCRÉE CITRON

奶油90公克
T55麵粉140公克
細白砂糖27公克
有機黃檸檬1/2顆，皮刨細絲
精鹽0.5公克
杏仁糖粉（等量糖粉與杏仁粉
　混合）50公克
全蛋25公克

椰子蛋糕
BISCUIT MOELLEUX COCO

杏仁粉40公克
糖粉40公克
馬鈴薯澱粉4公克

全蛋50公克
蛋白15公克
細白砂糖5公克
融化奶油28公克
椰子粉40公克

椰子焦糖巧克力甘納許
GANACHE CARAMEL
CHOCOLAT ET COCO

液態鮮奶油100公克
椰子粉54公克
香草莢1條
金合歡蜜20公克
細白砂糖40公克
法芙娜®吉瓦拉（Jivara）
　牛奶調溫巧克力45公克

64%調溫黑巧克力78公克
奶油12公克

椰子凝乳
CRÉMEUX COCO

魚膠吉利丁粉2公克
礦泉水14公克
液態鮮奶油80公克
全脂鮮乳20公克
香草莢1條
蛋黃25公克
椰子泥100公克
法芙娜®歐帕莉絲（Opalys）
　調溫白巧克力125公克

裝飾

新鮮椰子刨片

工具

直徑11公分塔圈12個
Silikomart®陀飛輪六連模2個

製作步驟

檸檬甜塔皮

依照176頁的方法製作甜塔皮麵糰。麵糰擀至0.2公分厚，以切模切出12個直徑11公分的塔皮，鋪入塔圈，冷藏備用。

椰子蛋糕

烤箱預熱至175°C。使用桌上型攪拌器混合杏仁粉、糖粉、馬鈴薯澱粉和全蛋蛋液。以電動打蛋器打發蛋白，再加入細白砂糖打發至光滑緊實。將打發蛋白小心地倒入前者混合物，以刮刀輕輕拌勻。加入融化奶油和20公克的椰子粉混合均勻。麵糊擠入塔底，撒上其餘椰子粉，烘烤約14分鐘，檢查塔皮底部以確認熟度。從烤箱取出後靜置冷卻至室溫。

椰子凝乳

吉利丁泡水直到膨脹。鍋中放入鮮奶油、鮮乳、椰子泥、香草莢和刮出的香草籽。過濾後將蛋黃加入，加熱至85°C，一邊不停攪拌。倒入吸飽水分的吉利丁和調溫白巧克力，並以手持攪拌棒攪打。倒入陀飛輪多連模，然後冷凍2小時。

椰子焦糖巧克力甘納許

鮮奶油、椰子泥及香草莢與香草籽放入鍋中，加熱但不可使之沸騰，然後加入蜂蜜。另取一個鍋子放入細白砂糖，加熱煮成乾式焦糖，離火倒入熱鮮奶油稀釋。焦糖鮮奶油過濾，將巧克力加入，並以手持攪拌棒攪打至巧克力完全融化。加入奶油後，再度攪打。靜置降溫至30°C。

組合和裝飾

溫熱的甘納許擠入塔皮，表面抹平，放入冰箱冷卻。陀飛輪脫模，擺放在小塔上。冷藏30分鐘。最後以新鮮椰子刨片裝飾。

Coco chocolat

椰子巧克力

Pamplemousse menthe poivre de Timut

葡萄柚薄荷尼泊爾花椒

材料

分量／大型塔1個　準備時間／2小時　烹調時間／40分鐘　冷藏時間／12小時＋30分鐘　冷凍時間／5小時

打發香草甘納許 （前一日製作）
GANACHE MONTÉE VANILLE

魚膠吉利丁粉1公克
礦泉水7公克
液態鮮奶油25公克
全脂鮮乳60公克
香草莢1/2條
法芙娜®歐帕莉絲（Opalys）
　調溫白巧克力130公克
液態鮮奶油135公克

薄荷椰子凝乳
CRÉMEUX COCO MENTHE

魚膠吉利丁粉1公克
礦泉水7公克
液態鮮奶油40公克
全脂鮮乳20公克
新鮮薄荷2.5公克
椰子泥35公克
蛋黃12公克
法芙娜®歐帕莉絲（Opalys）
　33%調溫白巧克力40公克

椰子香草巧克力慕斯
MOUSSE CHOCOLAT, COCO ET VANILLE

魚膠吉利丁粉1.5公克
礦泉水10.5公克
打發用鮮奶油30公克
椰子泥40公克
香草莢1/2條
可可脂6公克
法芙娜®歐帕莉絲（Opalys）
　33%調溫白巧克力63公克
打發用鮮奶油80公克

檸檬甜塔皮
PÂTE SUCRÉE CITRON

奶油90公克
T55麵粉140公克
細白砂糖27公克
有機黃檸檬1/2顆，皮刨細絲
精鹽0.5公克
杏仁糖粉（等量糖粉與杏仁粉混合）
　50公克
全蛋25公克

椰子波麗露茶托卡多雷蛋糕
BISCUIT TROCADÉRO COCO
ET THÉ BOLÉRO®

生杏仁粉120公克
糖粉120公克
馬鈴薯澱粉9公克
全蛋120公克
蛋白33公克
瑪黑兄弟波麗露茶（thé Boléro® de
　Mariage Frères）4公克，磨成粉
椰子粉50公克
蛋白37公克
細白砂糖15公克
融化奶油85公克

葡萄柚覆盆子尼泊爾花椒糖煮果泥
COMPOTÉE DE PAMPLEMOUSSE
ET FRAMBOISE AU POIVRE DE TIMUT

細白砂糖16公克
NH325果膠2公克
去膜葡萄柚果肉66公克
覆盆子去籽果肉40公克
有機青檸檬汁8公克
尼泊爾花椒0.5公克

噴槍用粉紅色醬汁
SAUCE PISTOLET ROSE

法芙娜®歐帕莉絲（Opalys）
　33%調溫白巧克力60公克
可可脂90公克
草莓紅可可脂3公克

裝飾

粉紅色無味果膠250公克
新鮮葡萄柚
新鮮椰子刨片
新鮮薄荷嫩葉
粉紅巧克力絲（見187頁，裝飾）
無味果膠
銀箔

工具

直徑19公分Silikomart® tarte Ring
　塔模1個
直徑12公分塔圈1個
直徑16公分慕斯圈1個
直徑18公分慕斯圈1個
40×30公分烤盤1個
直徑17公分塔圈1個
擠花袋
no.104裝飾用擠花嘴1個
電動陶藝轉台1個

製作步驟

打發香草甘納許 （前一日製作）

吉利丁泡水直到膨脹。牛奶、鮮奶油、香草莢和刮出的香草籽放入鍋中加熱。離火後，加蓋浸泡5分鐘。加入吸飽水分的吉利丁，過濾倒在巧克力上。以手持攪拌棒攪打，加入液態鮮奶油繼續攪打。靜置冷藏12小時。

薄荷椰子凝乳

吉利丁泡水直到膨脹。鍋中放入鮮奶油、鮮乳和薄荷加熱，離火後，加蓋浸泡5分鐘。過濾時用力壓出液體，然後加入椰子泥。全體放回爐火上，加入蛋黃，加熱至83℃，然後倒在吉利丁和巧克力上。以手持攪拌棒攪打，靜置冷卻至30℃。12公分塔圈底部鋪保鮮膜，倒入凝乳鮮奶油，冷凍約2小時。

椰子香草巧克力慕斯

吉利丁泡水直到膨脹。鍋中放入鮮奶油、椰子泥、香草莢和刮出的香草籽加熱。離火後，加蓋浸泡4分鐘。過濾鮮奶油混合液，接著加入可可脂。再度放回爐火上，倒入巧克力和吸飽水分的吉利丁，以手持攪拌棒攪打，冷卻降溫至23℃。打發鮮奶油，將之倒入前述的混合物。將直徑16公分的圈模放入18公分的圈模中央，底部鋪保鮮膜，然後在兩個圈模之間倒入約110公克的慕斯。其餘的慕斯倒入tarte Ring塔模，再將冷凍的薄荷凝乳放在中央。兩者皆冷凍靜置約3小時。

檸檬甜塔皮

烤箱預熱至175℃。依照176頁的方法製作甜塔皮麵糰，將甜塔皮麵糰擀至0.3公分厚，然後鋪入tarte Ring塔模。盲烤20分鐘，直到塔皮充分上色。

椰子波麗露茶托卡多雷蛋糕

烤箱預熱至160℃。食物調理機裝上刀片，攪打杏仁粉和糖粉。加入澱粉、全蛋、33公克蛋白，打至略為乳化。倒入茶葉粉和椰子粉，以刮刀拌勻。用電動打蛋器打發蛋白，再加入糖打至滑順富光澤。以刮刀小心地將打發蛋白拌入前者。再加入降溫的融化奶油，混合均勻。烤盤鋪上烤墊，倒入蛋白糊抹平，烘烤約12分鐘。出爐時以直徑17公分圈模切出圓片，放入塔底中央。

葡萄柚覆盆子尼泊爾花椒糖煮果泥

混合糖和果膠。以手持攪拌棒攪打葡萄柚果肉、覆盆子果泥和檸檬汁。倒入鍋中加熱，再加入果膠和糖煮至沸騰。將花椒加入果泥中，再把果泥倒入調理盆。蓋上保鮮膜，放置於冰箱冷卻30分鐘。以手持攪拌棒攪打，然後倒進放了蛋糕片的塔皮中。抹平，塔皮邊緣撒滿椰子粉，靜置備用。

組合和裝飾

慕斯片脫膜，淋滿粉紅色果膠。將慕斯放在塔底的托卡多雷蛋糕上。噴槍用醬汁材料加熱融化至45℃。環狀慕斯脫模，噴滿絲絨狀醬汁，然後放在有淋面的慕斯片周圍。用桌上型攪拌器打發甘納許，倒入裝有no.104裝飾用擠花嘴的擠花袋。塔放在電動轉台上，在慕斯片表面擠出陀飛輪狀甘納許（見184頁，基礎）。慕斯環擺上切小塊的葡萄柚、新鮮椰子刨片、薄荷嫩葉。以粉紅色巧克力絲、水珠狀果膠和銀箔裝飾。

Caramel noisette

焦糖榛果

材料

分量 / 大型塔1個　準備時間 / 2小時　烹調時間 / 55分鐘　冷藏時間 / 12小時＋1小時　冷凍時間 / 3小時

焦糖打發甘納許 (前一日製作)
GANACHE MONTÉE CARAMEL

全脂鮮乳63公克
液態鮮奶油44公克
細白砂糖32公克
法芙娜®杜絲（Dulcey）
　調溫巧克力105公克
液態鮮奶油148公克
馬斯卡彭乳酪23公克

焦糖鏡面淋醬 (前一日製作)
GLAÇAGE CARAMEL

魚膠吉利丁粉8公克
水52公克
液態鮮奶油200公克
無糖煉乳50公克
水30公克
細白砂糖75公克
葡萄糖漿75公克

水65公克
法芙娜®塔納瑞瓦（Tanariva）
　調溫牛奶巧克力75公克
法芙娜®歐帕莉絲（Opalys）
　調溫白巧克力75公克

檸檬甜塔皮
PÂTE SUCRÉE CITRON

奶油90公克
T55麵粉140公克
細白砂糖27公克
有機黃檸檬1/2顆，皮刨細絲
精鹽0.5公克
杏仁糖粉（等量糖粉與杏仁粉
　混合）50公克
全蛋25公克

榛果托卡多雷蛋糕
BISCUIT TROCADÉRO
NOISETTE

糖粉90公克
榛果粉178公克
馬鈴薯澱粉21公克
蛋黃21公克
蛋白95公克
蛋白95公克
細白砂糖67公克
融化榛果奶油157公克
百花蜜15公克

榛果凝乳
CRÈME À LA NOISETTE

吉利丁粉2公克
水14公克
液態鮮奶油65公克
百花蜜15公克
榛果帕林內50公克

榛果醬37公克
液態鮮奶油250公克

裝飾

烘烤榛果
牛奶巧克力絲（見187頁）
金箔

工具

直徑16公分塔圈1個
直徑19公分Silikomart®
　tarte Ring塔模1個
擠花袋
no.104裝飾用擠花嘴1個
電動陶藝轉台1個

製作步驟

打發甘納許 (前一日製作)

鮮奶油和鮮乳放入鍋中加熱。另取一個鍋子，放入砂糖煮成乾式焦糖後，離火倒入熱鮮奶油稀釋。全體倒在巧克力上拌勻，再加入冰涼鮮奶油和馬斯卡彭乳酪攪打均勻。蓋上保鮮膜，冷藏靜置12小時。

焦糖鏡面淋醬 (前一日製作)

吉利丁泡水直到膨脹。鮮奶油、煉乳和水放入鍋中，加熱至沸騰。另取一個鍋子，將砂糖、葡萄糖漿和水煮至焦糖化。然後離火，將熱鮮奶油倒入焦糖中，混合均勻。煮沸後，加入吸飽水分的吉利丁。焦糖鮮奶油淋在巧克力上，並以手持攪拌棒攪打。冷藏靜置12小時。

檸檬甜塔皮

烤箱預熱至165°C。依照176頁的方法製作甜塔皮麵糰，將甜塔皮麵糰擀至0.4公分厚，然後鋪入tarte Ring塔模。盲烤20分鐘，直到塔皮充分上色。靜置備用。

托卡多雷蛋糕

製作榛果奶油，過篩倒入蜂蜜，靜置備用。烤箱預熱至165°C。製作蛋糕（見179頁），省略加入香草莢的步驟，以加入花蜜的榛果奶油取代之。麵糊倒入鋪上烤墊的烤盤抹平，烘烤14分鐘。出爐時，以直徑16公分塔圈切出圓片。

榛果凝乳

吉利丁泡水直到膨脹。鍋中放入65公克的鮮奶油和蜂蜜加熱，然後加入吸飽水分的吉利丁，淋在帕林內和榛果醬上。加入其餘的鮮奶油，攪拌均勻，靜置冷卻至26°C。將凝乳倒入tarte Ring模具，冷凍靜置3小時。

組合和裝飾

蛋糕放入塔底。以電動打蛋器打發一部分甘納許，倒入塔皮中抹平至與邊緣等高。冷藏30分鐘。烤盤上放網架，擺上脫模的榛果凝乳，淋上焦糖鏡面淋醬，然後放進塔皮。剩下的甘納許倒入裝有no.104擠花嘴的擠花袋。甜塔放置於電動陶藝轉台，做出陀飛輪擠花（見184頁）。擺上烘烤過的榛果，以巧克力絲和金箔裝飾。

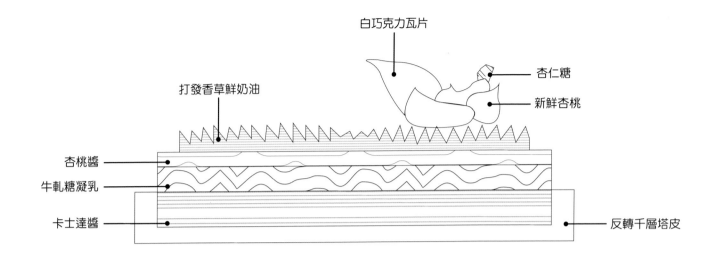

白巧克力瓦片

杏仁糖

新鮮杏桃

打發香草鮮奶油

杏桃醬

牛軋糖凝乳

卡士達醬

反轉千層塔皮

材料　分量 / 大型塔1個　準備時間 / 2小時　烹調時間 / 40分鐘　冷藏時間 / 12小時＋8小時　冷凍時間 / 3小時

打發香草鮮奶油（前一日製作）
CRÈME VANILLE MONTÉE

魚膠吉利丁粉2公克
礦泉水14公克
鮮乳20公克
香草莢1/2條
細白砂糖20公克
馬斯卡彭乳酪35公克
液態鮮奶油160公克

反轉千層塔皮
PÂTE FEUILLETÉE INVERSÉE

油麵糰：
奶油450公克
T55麵粉180公克

水麵糰：
T55麵粉420公克
鹽16公克
礦泉水170公克
白醋4公克
室溫軟化奶油135公克

上色用蛋液
DORURE

全蛋50公克
蛋黃25公克
鮮乳5公克
杏仁粉適量

杏桃醬
COULIS D'ABRICOT

魚膠吉利丁粉3公克
礦泉水21公克
杏桃果泥125公克
新鮮柳橙汁30公克
細白砂糖20公克

牛軋糖凝乳
CRÉMEUX NOUGAT

魚膠吉利丁粉1.5公克
礦泉水10.5公克
液態鮮奶油150公克
55%杏仁膏12公克
蛋黃20公克
牛軋糖醬25公克

卡士達醬
CRÈME PÂTISSIÈRE

全脂鮮乳100公克
香草莢1/2條
蛋黃20公克
細白砂糖20公克
蛋奶派粉（poudre à flan）10公克
奶油10公克

裝飾

新鮮杏桃2顆
杏仁糖適量
白巧克力瓦片（見187頁，裝飾）

工具

直徑18公分塔圈1個
直徑15公分塔圈1個
直徑15公分活動塔模1個
直徑14公分矽膠圓模1個
擠花袋
no.104裝飾用擠花嘴1個
電動陶藝轉台1個

Abricot nougat

杏桃牛軋糖

製作步驟

打發香草鮮奶油 （前一日製作）

吉利丁泡水直到膨脹。鮮乳、香草莢和刮出的香草籽放入鍋中加熱。離火後，加蓋浸泡5分鐘。接著加入糖，放回火上加熱，並放入吸飽水分的吉利丁。煮至微沸後過濾，倒在馬斯卡彭乳酪上。加進冰涼的鮮奶油，全體倒入調理盆。冷藏12小時。

反轉千層塔皮

依照180頁的方法製作千層塔皮。奶油麵糰擀成35×35公分的片狀，水麵糰擀成20×20公分，然後冷藏。完成的麵糰擀至0.2公分，以18公分圈模切下兩個圓片。冷藏1小時。從冰箱取出圓塔皮，其中一片塔皮以直徑15公分圈模切成中空狀。取一把刷子沾水刷在完整的圓形塔皮邊緣，然後放上圈狀塔皮。以蛋黃和鮮乳製作上色用蛋液，刷在環狀塔皮表面，撒上杏仁粉。冷藏4小時。

杏桃醬

吉利丁泡水直到膨脹。混合杏桃泥和柳橙汁。鍋中放入1/4份果泥、細白砂糖和吸飽水分的吉利丁。加入其餘果泥，然後倒入直徑15公分矽膠模具。冷藏1小時。

牛軋糖凝乳

吉利丁泡水直到膨脹。混合鮮奶油和杏仁醬，並以手持攪拌棒攪打。倒入鍋中，加入蛋黃，加熱至83°C，然後倒入吸飽水分的吉利丁與杏仁醬中。攪打後靜置冷卻至35°C，填入已裝填杏桃醬的矽膠模具中。冷凍備用3小時。

卡士達醬

鍋中放入鮮乳、香草莢和刮出的香草籽加熱。同時間，蛋黃和細白砂糖一起攪打至顏色變淺，接著拌入蛋奶派粉。將打發蛋黃倒入熱牛奶煮至沸騰，以手持攪拌棒攪打。冷藏30分鐘。

組合和裝飾

烤箱預熱至175°C，千層塔皮的圈狀處放入活動烤模烘烤30分鐘。靜置冷卻。以打蛋器混合卡士達醬使之鬆弛，填入千層塔皮中。牛軋糖凝乳片脫模，杏桃醬那一面朝上，放在圈狀塔皮中央。打發香草鮮奶油，填入裝有no.104擠花嘴的擠花袋。甜塔置於電動轉台上，在表面以鮮奶油擠出陀飛輪造型（見184頁，基礎）。綴以新鮮杏桃、切塊的杏仁糖和白巧克力瓦片。

材料	分量 / 大型塔1個	準備時間 / 2小時30分鐘	烹調 / 35分鐘	冷藏時間 / 12小時	冷凍時間 / 3小時

打發香草鮮奶油（前一日製作）
CRÈME VANILLE MONTÉE

魚膠吉利丁粉2公克
礦泉水14公克
全脂鮮乳20公克
香草莢1/2條
細白砂糖20公克
馬斯卡彭乳酪35公克
液態鮮奶油160公克

檸檬甜塔皮
PÂTE SUCRÉE CITRON

奶油90公克
T55麵粉140公克
細白砂糖27公克
有機黃檸檬1/2顆，皮刨細絲

精鹽0.5公克
杏仁糖粉50公克
全蛋25公克

蜂蜜黑糖核桃
MOELLEUX NOIX,
MIEL ET MUSCOVADO

核桃粉25公克
馬斯科瓦多黑糖
　（sucre muscovado）14公克
蛋黃25公克
蛋白15公克
百花蜜15公克
蛋白50公克
細白砂糖15公克
T55麵粉21公克

洋梨糖煮果泥
COMPOTÉE DE POIRES

洋梨果泥90公克
有機黃檸檬汁10公克
香草莢1/4條
細白砂糖8公克
NH325果膠1公克

白乳酪凝乳
CRÈME AU FROMAGE BLANC

魚膠吉利丁粉4公克
礦泉水28公克
蛋黃20公克
細白砂糖20公克
白乳酪200公克
全脂鮮乳20公克
液態鮮奶油100公克

裝飾

直徑8公分白巧克力圓片
　（見186頁）
帶皮洋梨片
烘烤杏仁條
香草果膠

工具

直徑18公分塔圈1個
PCB Créations® 花形慕斯模1個
擠花袋
no.104裝飾用擠花嘴1個
電動陶藝轉台1個

製作步驟

打發香草鮮奶油（前一日製作）

吉利丁泡水直到膨脹。鮮乳、香草莢和刮出的香草籽放入鍋中加熱。離火後，加蓋浸泡5分鐘。接著加入細白砂糖，靜置降溫。拌入吸飽水分的吉利丁，煮至微沸。過濾倒在馬斯卡彭乳酪上，然後加入冰涼的鮮奶油拌勻。倒入調理盆。冷藏靜置12小時。

檸檬甜塔皮

依照176頁的方法製作甜塔皮麵糰，將甜塔皮麵糰擀至0.3公分厚，鋪入直徑18公分塔圈。

蜂蜜黑糖核桃

烤箱預熱至170°C。桌上型攪拌器裝上葉片形攪拌棒，攪拌缸中放入核桃粉、馬斯科瓦多黑糖、黃檸檬汁和15公克蛋白。攪打至開始乳化後，加入45°C的溫熱蜂蜜。另取一調理盆，以電動攪拌器打發50公克蛋白，然後加入細白砂糖打發至光滑緊實。輕輕混合兩者，並以刮刀拌入已過篩的麵粉。麵糊填入塔皮，烘烤約16分鐘。

洋梨糖煮果泥

混合細白砂糖和果膠。洋梨果泥、黃檸檬汁、香草莢和刮出的香草籽放入鍋中加熱。拌入果膠和糖，加熱至沸騰。冷藏降溫至4°C，並以手持攪拌棒攪打。擠花袋裝擠花嘴，填入果泥之後，冷藏備用。

白乳酪凝乳

吉利丁泡水直到膨脹。蛋黃加入糖和鮮奶，隔水加熱打發至顏色變淺，溫度達85°C。倒入鋼盆，以電動打蛋器打發後冷卻。另取一個鍋子，放入一部分白乳酪加熱至溫熱，加入吸飽水分的吉利丁。混合沙巴雍和其餘白乳酪，加入打發蛋黃。以電動打蛋器打發液態鮮奶油，拌入白乳酪糊。白乳酪糊填入塔皮抹平。其餘的凝乳倒入花形慕斯模，中央擠入糖煮洋梨果泥，然後再倒上一層凝乳。表面抹平後靜置冷凍至少3小時。

組合和裝飾

以電動打蛋器打發香草鮮奶油，填入裝有no.104擠花嘴的擠花袋。白巧克力圓片置於電動轉台上，做出陀飛輪擠花（見184頁，基礎）。冷凍慕斯脫模，放在塔上。花形慕斯底下放滿烘烤過的杏仁條，表面擺上洋梨片。花形慕斯中央擠上少許鮮奶油，然後放上陀飛輪擠花巧克力片。再以水珠狀果膠裝飾。

Poire noix
sucre muscovado

洋梨核桃黑糖

Cerise dragées

櫻桃杏仁糖

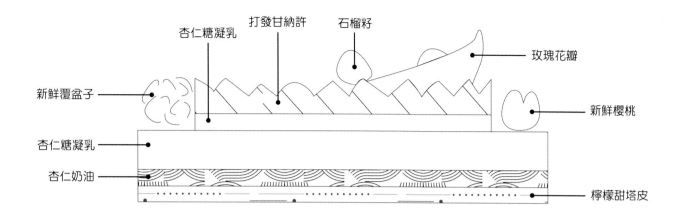

新鮮覆盆子
杏仁糖凝乳
杏仁糖凝乳
杏仁奶油
打發甘納許
石榴籽
玫瑰花瓣
新鮮櫻桃
檸檬甜塔皮

材料

分量 / 大型塔1個　　準備時間 / 1小時40分鐘　　烹調時間 / 25分鐘　　冷藏時間 / 12小時＋2小時30分鐘　　冷凍時間 / 3小時30分鐘

打發香草鮮奶油（前一日製作）
GANACHE MONTÉE VANILLE

魚膠吉利丁粉1公克
礦泉水7公克
液態鮮奶油25公克
全脂鮮乳60公克
香草莢1/2條
法芙娜®歐帕莉絲（Opalys）
　　33%調溫白巧克力130公克
液態鮮奶油135公克

檸檬甜塔皮
PÂTE SUCRÉE CITRON

奶油90公克
T55麵粉140公克
細白砂糖27公克
有機黃檸檬1/2顆，皮刨細絲
精鹽0.5公克
杏仁糖粉（等量糖粉與杏仁粉混合）
　　50公克
全蛋25公克

杏仁奶油
CRÈME D'AMANDE

膏狀奶油25公克
糖粉27公克
杏仁粉27公克
全蛋25公克
馬鈴薯澱粉4公克

櫻桃覆盆子糖煮果泥
COMPOTÉE DE CERISES ET FRAMBOISES

酸櫻桃果肉40公克
覆盆子果肉30公克
細白砂糖12公克
NH325果膠2公克

杏仁糖凝乳
CRÉMEUX DRAGÉES

魚膠吉利丁粉1公克
礦泉水7公克
液態鮮奶油50公克
全脂鮮乳50公克
香草莢1/2條

60/40杏仁帕林內10公克
杏仁糖15公克，打碎成粗粉狀
蛋黃16公克
法芙娜®歐帕莉絲（Opalys）
　　33%調溫白巧克力95公克
可可脂5公克

裝飾

調成粉紅色的無味果膠
新鮮覆盆子30公克
新鮮櫻桃60公克
新鮮石榴1顆
玫瑰花瓣少許

工具

18×18公分方形塔模
12×12公分方形塔模
厚紙板1片
擠花袋
no.104裝飾用擠花嘴
電動陶藝轉台1個

製作步驟

打發香草鮮奶油 <small>(前一日製作)</small>

吉利丁泡水直到膨脹。鮮乳、香草莢和刮出的香草籽放入鍋中加熱。離火後，加蓋浸泡5分鐘。拌入吸飽水分的吉利丁，然後過濾倒在巧克力上。以手持攪拌棒攪打，加入液態鮮奶油繼續攪打均勻。靜置冷藏12小時。

檸檬甜塔皮

依照176頁的方法製作甜塔皮麵糰，將甜塔皮麵糰擀至0.3公分厚，鋪入18×18公分塔模。冷藏備用。

杏仁奶油

烤箱預熱至165°C。桌上型攪拌器裝上葉片形攪拌棒，攪拌缸放入膏狀奶油和糖粉攪拌。再加入杏仁粉和全蛋蛋液，接著放入澱粉拌勻。將杏仁奶油倒入方形塔皮中。帶孔烤盤上鋪烤紙，放上塔皮烘烤約18分鐘，然後靜置備用。

櫻桃覆盆子糖煮果泥

鍋中放入櫻桃和覆盆子果肉，加入與果膠混合的糖，煮至沸騰後，倒入調理盆，放入冰箱冷卻30分鐘。然後使用手持攪拌棒攪打，以擠花袋擠入已烤好的塔皮（A）。

杏仁糖凝乳

吉利丁泡水直到膨脹。鮮乳、香草莢、刮出的香草籽、鮮奶油和杏仁帕林內放入鍋中加熱，同時以手持攪拌棒攪打。加入杏仁糖粉、蛋黃，加熱至83°C，接著倒入吸飽水分的吉利丁，再度攪打，靜置冷卻至40°C。將一部分凝乳倒入塔皮，抹平至與塔皮邊緣等高（B），其餘的凝乳裝入底部鋪保鮮膜的12×12公分塔模。塔皮冷藏備用，方形凝乳冷凍2小時。

組合和裝飾

以桌上型攪拌器打發甘納許，填入裝有no.104擠花嘴的擠花袋。電動轉台上擺一張厚紙板，在上方擠出直徑16公分的陀飛輪擠花（見184頁，基礎）。冷凍1小時，然後將圓形甘納許擠花切成12×12公分的方形（C），繼續冷凍30分鐘。方形杏仁糖凝乳脫模，方形甘納許放置其上，塗滿粉紅色果膠。全體放在塔底中央，甜塔周圍交錯擺放對半切開的覆盆子和櫻桃。表面以石榴籽和玫瑰花瓣點綴（D）。

以擠花袋將櫻桃覆盆子糖煮果泥填入塔皮。

杏仁糖凝乳倒在塔皮和櫻桃覆盆子果泥上。

將做成陀飛輪擠花造型的打發甘納許圓片切成邊長 12 公分的正方形。

方形甘納許放在塔中央，然後以對半切開的櫻桃與覆盆子交錯裝飾。表面撒上石榴籽，放上玫瑰花瓣。

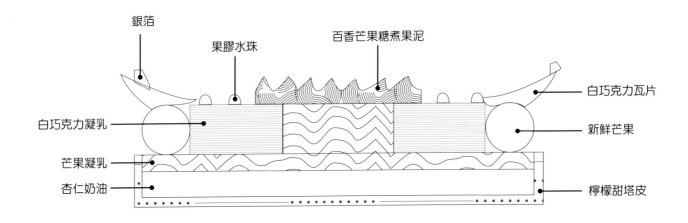

銀箔

果膠水珠

百香芒果糖煮果泥

白巧克力瓦片

白巧克力凝乳

新鮮芒果

芒果凝乳

杏仁奶油

檸檬甜塔皮

材料

分量 / 大型塔1個　準備時間 / 1小時20分鐘　烹調時間 / 30分鐘　冷凍時間 / 6小時

百香芒果糖煮果泥
COMPOTÉE DE MANGUE PASSION

細白砂糖5公克
NH325果膠1公克
芒果果肉35公克
百香果果汁8公克

芒果凝乳
CRÉMEUX MANGUE

魚膠吉利丁粉3公克
礦泉水21公克
芒果果肉112公克
綠山椒3粒
全蛋132公克
細白砂糖55公克
奶油80公克

檸檬甜塔皮
PÂTE SUCRÉE CITRON

奶油90公克
T55麵粉140公克
細白砂糖27公克
有機黃檸檬1/2顆，皮刨細絲

精鹽0.5公克
杏仁糖粉（等量糖粉與杏仁粉混合）
　50公克
全蛋25公克

杏仁奶油
CRÈME D'AMANDE

膏狀奶油30公克
糖粉35公克
杏仁粉35公克
全蛋30公克
馬鈴薯澱粉5公克

檸檬白巧克力凝乳
CRÈME CHOCOLAT BLANC CITRONNÉE

魚膠吉利丁粉1公克
礦泉水7公克
打發用鮮奶油30公克
青檸檬1/2顆，皮刨細絲
法芙娜®歐帕莉絲（Opalys）
　33%調溫白巧克力35公克
打發用鮮奶油35公克

噴槍用白色醬汁
SAUCE PISTOLET BLANC

法芙娜®歐帕莉絲（Opalys）
　33%調溫白巧克力75公克
可可脂75公克

裝飾

白巧克力瓦片（見187頁）
新鮮芒果2顆
無味果膠
銀箔

工具

直徑7.5公分Silikomart®陀飛輪
　六連模1個
直徑18公分塔圈1個
直徑8公分、高1.5公分小塔圈1個
擠花袋
電動陶藝轉台1個
直徑2公分挖勺1支

Bubble mangue

泡泡芒果

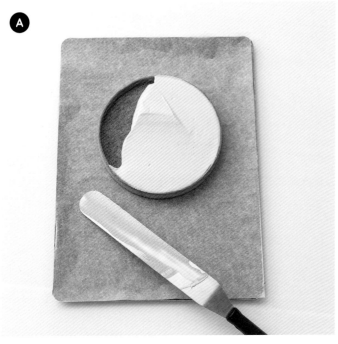

加入杏仁粉和全蛋蛋液，接著放入澱粉拌勻。倒入塔皮，放在鋪有烤墊的烤盤上烘烤約25分鐘。

取直徑14公分塔圈，中央放入芒果凝乳。以擠花袋在周圍擠滿巧克力，抹平後，巧克力應與芒果凝乳等高，不可蓋過芒果凝乳。

將凝乳放在塔中央，接著擺上陀飛輪造型的果泥。

凝乳周圍放滿直徑2公分的芒果果肉球，並以白巧克力瓦片、果膠水珠和銀箔裝飾。

製作步驟

百香芒果糖煮果泥

混合糖和果膠。芒果果肉和百香果汁放入鍋中加熱，然後加入糖。煮沸後，倒入調理盆。蓋上保鮮膜，放進冰箱冷卻1小時。以手持攪拌棒攪打，倒入陀飛輪多連模的其中一格。冷凍3小時。

芒果凝乳

吉利丁泡水直到膨脹。鍋中放入芒果果泥和壓碎的山椒，煮至沸騰。離火加蓋浸泡5分鐘，然後過濾。打發全蛋和糖，倒入熱果泥，加熱煮沸。放入吸飽水分的吉利丁，冷卻至45°C。放入奶油，以手持攪拌棒攪打。取部分凝乳倒入小塔圈，其餘凝乳填入擠花袋，兩者皆冷凍1小時。

檸檬甜塔皮

依照176頁的方法製作甜塔皮麵糰，將甜塔皮麵糰擀至0.3公分厚，鋪入直徑18公分塔圈。

杏仁奶油

烤箱預熱至165°C。桌上型攪拌器裝上葉片形攪拌棒，攪拌缸中放入膏狀奶油和糖粉，再加入杏仁粉和全蛋蛋液，接著放入澱粉拌勻。倒入塔皮（A），放在鋪有烤墊的烤盤上烘烤約25分鐘。靜置備用。

檸檬白巧克力凝乳

吉利丁泡水直到膨漲。鮮奶油和檸檬皮絲放入鍋中加熱，然後放入吸飽水分的吉利丁。過濾倒在巧克力上，並以手持攪拌棒攪打。靜置降溫至23°C。等待冷卻的同時，以電動打蛋器打發鮮奶油之後，拌入巧克力糊。取直徑14公分塔圈，中央放入芒果凝乳。以擠花袋在周圍擠滿巧克力，與芒果凝乳高度等高，不可蓋過芒果凝乳（B）。冷凍2小時。

組合和裝飾

加熱噴槍用醬汁至45°C。凝乳脫模，表面噴滿醬汁。將凝乳放在塔中央，接著擺上陀飛輪造型的果泥（C）。凝乳周圍放滿直徑約2公分的芒果果肉球，並以白巧克力瓦片、果膠水珠和銀箔裝飾（D）。

Chocolat au lait noix de pécan

胡桃牛奶巧克力

材料

分量 / 大型塔1個　　準備時間 / 1小時30分鐘　　烹調時間 / 40分鐘　　冷藏時間 / 12小時＋1小時　　冷凍時間 / 4小時

牛奶巧克力鏡面淋醬（前一日製作）
GLAÇAGE CHOCOLAT AU LAIT

魚膠吉利丁粉4公克
礦泉水28公克
礦泉水35公克
細白砂糖75公克
葡萄糖漿50公克
無糖煉乳75公克
法芙娜®白希比（Bahibé）
　　46%調溫牛奶巧克力90公克

打發乳香甘納許（前一日製作）
GANACHE MONTÉE LACTÉE

全脂鮮乳70公克
細白砂糖18公克
榛果醬20公克
法芙娜®白希比（Bahibé）
　　46%調溫牛奶巧克力75公克
液態鮮奶油160公克

牛奶巧克力慕斯
MOUSSE CHOCOLAT AU LAIT

魚膠吉利丁粉1公克
礦泉水7公克
蛋黃11公克
細白砂糖7公克
牛奶36公克
法芙娜®塔納瑞瓦（Tanariva）
　　調溫牛奶巧克力30公克
法芙娜®馬卡耶（Macaé）
　　調溫黑巧克力7公克
液態鮮奶油50公克

香草甜塔皮
PÂTE SUCRÉE VANILLE

奶油90公克
T55麵粉140公克
細白砂糖27公克
香草粉0.5公克
精鹽0.5公克
杏仁糖粉（等量糖粉與杏仁粉混合）
　　50公克
全蛋25公克

胡桃托卡多雷蛋糕
BISCUIT TROCADÉRO PÉCAN

奶油125公克
胡桃60公克
杏仁粉85公克
糖粉100公克
馬鈴薯澱粉17公克
蛋黃16公克
蛋白80公克
蛋白80公克
細白砂糖55公克

零陵香豆凝乳
CRÉMEUX LACTÉ À LA FÈVE DE TONKA

魚膠吉利丁粉1公克
礦泉水7公克
液態鮮奶油100公克
全脂鮮乳60公克
細白砂糖25公克
蛋黃15公克
法芙娜®白希比（Bahibé）
　　46%調溫牛奶巧克力65公克
法芙娜®馬卡耶（Macaé）
　　62%調溫黑巧克力30公克
零陵香豆1/2個

裝飾

烘烤胡桃250公克
法芙娜®焦糖（Caramélia）牛奶巧克力豆
金箔

工具

40×30公分烤盤1個
Silikomart® tarte Ring塔模1個
直徑17公分塔圈1個
擠花袋
no.104裝飾用擠花嘴1個
電動陶藝轉台1個

製作步驟

牛奶巧克力鏡面淋醬 （前一日製作）

魚膠吉利丁粉泡水。水、細砂糖和葡萄糖漿放入鍋中，加熱至108°C。離火，加入煉乳後放回火上加熱至沸騰。將混合好的煉乳糖漿倒在牛奶巧克力上，並拌入吸飽水分的吉利丁，以手持攪拌棒攪打。冷藏12小時。

打發乳香甘納許 （前一日製作）

鮮乳、糖和榛果醬放入鍋中加熱，然後倒在巧克力上。以手持攪拌棒攪打，並加入冰涼的鮮奶油。冷藏12小時。

牛奶巧克力慕斯

魚膠吉利丁粉泡水直到膨脹。蛋黃加糖打發至顏色變白，與鮮乳放入鍋中加熱至83°C，加入吸飽水分的吉利丁混合均勻，接著倒在巧克力上，並以手持攪拌棒攪打。靜置降溫至28°C。同時間，以電動打蛋器打發鮮奶油，然後拌入巧克力中。慕斯糊倒入tarte Ring塔模中，冷凍4小時。

香草甜塔皮

烤箱預熱至175°C。依照176頁的方法製作甜塔皮麵糰，將甜塔皮麵糰擀至0.4公分厚，然後鋪入tarte Ring塔圈。盲烤約20分鐘。

胡桃托卡多雷蛋糕

先製作焦化奶油，將奶油加熱至變成金褐色。另外將烤箱預熱至165°C。食物調理機裝刀片，打碎胡桃與糖粉。加入杏仁粉、澱粉、蛋黃和第一份蛋白，攪打均勻。以電動打蛋器打發第二份蛋白，並加入細白砂糖打發至光滑緊實，拌入前者，加入一部分降溫至45°C的焦化奶油，再度攪拌全體。烤盤鋪烤墊，倒入麵糊，烘烤約14分鐘。出爐時以直徑17公分塔圈切出圓片，放進烤好的塔皮中（A）。

零陵香豆凝乳

吉利丁泡水直至膨脹。鮮奶油、鮮乳和刨成粉的零陵香豆放入鍋中加熱。離火後，加蓋浸泡5分鐘。另取一個鍋子，將砂糖煮到乾式焦糖狀態，然後倒入浸泡完成的鮮奶油稀釋。焦糖鮮奶油倒入蛋黃，加熱至83°C。接著加入吸飽水分的吉利丁，淋在巧克力上。以手持攪拌棒拌攪打，靜置降溫至35°C。填入塔皮，抹平至與塔皮邊緣等高（B）。冷藏1小時。

組合和裝飾

慕斯脫膜，放在下方墊了烤盤的網架上。鏡面淋醬加熱至25°C，淋滿整個慕斯表面（C），然後將之放在塔皮中央（D）。以桌上型攪拌器打發甘納許，填入裝有no.104擠花嘴的擠花袋。甜塔置於電動轉台上，以甘納許在慕斯上方製作陀飛輪擠花（見184頁，基礎）（E）。淋面慕斯周圍擺上烘烤過的胡桃（F），最後以巧克力豆和金箔裝飾。

A

切出直徑 17 公分的托卡多雷蛋糕圓片，放入烤好的塔皮中。

B

零陵香豆凝乳倒在塔皮和托卡多雷胡桃蛋糕上。

C

慕斯放在網架上，表面淋滿鏡面巧克力。

D

淋滿鏡面巧克力的慕斯放進塔中央。

E

甜塔置於電動轉台上，打發甘納許製作陀飛輪擠花。

F

在鏡面慕斯周圍擺滿烘烤過的胡桃。

材料　　分量 / 小塔12個　　準備時間 / 2小時　　烹調時間 / 45分鐘　　冷藏時間 / 12小時＋2小時

打發香草鮮奶油（前一日製作）
CRÈME VANILLE MONTÉE

魚膠吉利丁粉2公克
礦泉水14公克
鮮乳25公克
香草莢1/2條
細白砂糖25公克
馬斯卡彭乳43公克
液態鮮奶油200公克

反轉千層塔皮
PÂTE FEUILLETÉE INVERSÉE

奶油麵糰：
　奶油225公克
　T55麵粉90公克

水麵糰：
T55麵粉210公克
鹽8公克
礦泉水85公克
白醋2公克
室溫軟化奶油67公克

甜千層麵糰
PAILLE SUCRÉE

反轉千層麵糰250公克
細白砂糖50公克

香草托卡多雷蛋糕
BISCUIT TROCADÉRO VANILLE

杏仁糖粉（等量糖粉與杏仁粉
　混合）240公克
香草莢1/2條
澱粉16公克
蛋白80公克
蛋黃10公克
蛋白80公克
細白砂糖44公克
融化奶油92公克

野草莓糖煮果泥
COMPOTÉE DE FRAISES DES BOIS

細白砂糖13公克
NH325果膠3公克

野草莓果肉100公克
草莓果肉60公克

裝飾

新鮮野草莓300公克

工具

直徑8公分小塔圈12個
直徑6公分小塔圈12個
擠花袋
no.104裝飾用擠花嘴1個
電動陶藝轉台1個

製作步驟

打發香草鮮奶油（前一日製作）

魚膠吉利丁粉泡水。牛奶、香草莢和刮出的香草籽放入鍋中加熱。離火後，加蓋浸泡5分鐘。接著加入糖，放回爐火上，並放入吸飽水分的魚膠吉利丁。加熱至微沸後，過濾倒在馬斯卡彭乳酪上。最後加入冰涼的鮮奶油拌勻，全體倒入調理盆，冷藏12小時。

反轉千層塔皮

依照180頁的方法製作千層麵糰。奶油麵糰擀成17×17公分的片狀，水麵糰擀成12×12公分的片狀，兩者皆冷藏備用。

甜千層麵糰

擀平千層麵糰，撒滿細白砂糖，使用四摺法（tour double）摺疊，擀平後使用三摺法（tour simple）摺疊。冷藏30分鐘後，將麵糰再度擀開，表面撒滿細白砂糖，然後擀至0.3公分厚。切割出12條寬2.5公分的塔皮。直徑8公分塔圈鋪滿烤紙，然後將長條形塔皮圍在塔圈側面內側。直徑6公分塔圈外側塗油，放入直徑8公分塔圈中，冷藏1小時。烤箱預熱至175℃，烘烤千層甜塔皮約20分鐘，必須烤至充分焦糖化。如果略微沾黏烤模，可用刀子幫助脫模。

香草托卡多雷蛋糕

烤箱預熱至165℃。依照179頁指示的方法製作托卡多雷蛋糕。烘烤約15分鐘。出爐時以直徑6公分塔圈切出圓片，放入烤好的甜千層塔皮中。

紅色莓果糖煮果泥

混合糖和果膠。鍋中放入果泥、糖和果膠煮至沸騰，然後倒入調理盆，放入冰箱冷卻30分鐘。

組合和裝飾

攪打果泥，填入小塔至與邊緣等高並抹平。以電動打蛋器打發鮮奶油，倒入裝有no.104擠花嘴的擠花袋。小塔分別放上電動轉台，在表面擠出陀飛輪擠花（見184頁，基礎）。陀飛輪擠花周圍以野草莓裝飾。

Fraises des bois

野草莓

Banane lactée

香蕉牛奶巧克力

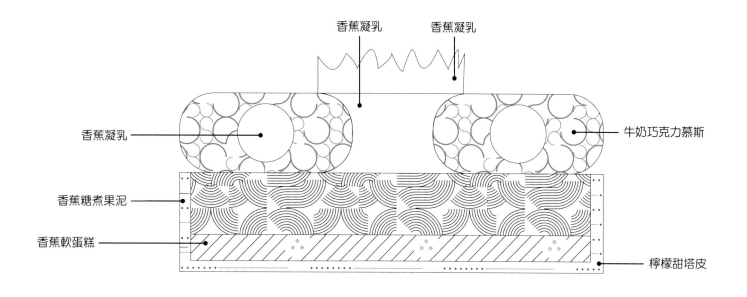

香蕉凝乳　香蕉凝乳

香蕉凝乳 ──────── 牛奶巧克力慕斯

香蕉糖煮果泥 ────────

香蕉軟蛋糕 ──────── 檸檬甜塔皮

材料　分量／大型塔1個　準備時間／2小時　烹調時間／50分鐘　冷藏時間／12小時＋5小時　冷凍時間／4小時

牛奶巧克力鏡面淋醬
（前一日製作）
GLAÇAGE CHOCOLAT AU LAIT

魚膠吉利丁粉3.5公克
礦泉水24.5公克
礦泉水30公克
細白砂糖75公克
葡萄糖漿50公克
無糖煉乳50公克
法芙娜®白希比（Bahibé）
　46%調溫牛奶巧克力90公克

檸檬甜塔皮
PÂTE SUCRÉE CITRON

奶油90公克
T55麵粉140公克
細白砂糖27公克
有機黃檸檬1/2顆，皮刨細絲
精鹽0.5公克
杏仁糖粉（等量糖粉與杏仁粉
　混合）50公克
全蛋25公克

香蕉軟蛋糕
BISCUIT MOELLEUX BANANE

香蕉泥98公克
生杏仁膏（pâte d'amande
　crue）122公克
麵粉13公克
全蛋90公克
蛋黃8公克
馬斯科瓦多黑糖
　（sucre muscovado）13公克
蛋白25公克
細白砂糖5公克
奶油28公克

香蕉百香果凝乳
CRÉMEUX BANANE PASSION

魚膠吉利丁粉3公克
礦泉水21公克
新鮮全蛋100公克
細白砂糖100公克
液態鮮奶油100公克
香蕉泥96公克
百香果汁20公克

法芙娜®歐帕莉絲（Opalys）
　33%調溫白巧克力50公克
奶油185公克

牛奶巧克力慕斯
MOUSSE CHOCOLAT LAIT

魚膠吉利丁粉1公克
礦泉水7公克
蛋黃15公克
細白砂糖10公克
鮮乳55公克
法芙娜®白希比（Bahibé）
　46%調溫牛奶巧克力50公克
液態鮮奶油70公克

香蕉糖煮果泥
COMPOTÉE DE BANANE

熟透的香蕉2根
融化奶油25公克
黃砂糖（sucre cassonade）
　25公克
香蕉泥50公克
有機黃檸檬汁3公克

裝飾

直徑10公分牛奶巧克力圓片
　1片
黃色無味果膠
古銅色食用色素粉適量
牛奶巧克力適量

工具

40×30公分烤盤1個
直徑18公分塔圈1個
直徑16公分塔圈1個
直徑18公分矽膠環狀模1個
　（Game模具上半部）
擠花袋
直徑1.2公分圓形擠花嘴1個
no.104裝飾用擠花嘴1個
電動陶藝轉台1個

製作步驟

牛奶巧克力鏡面淋醬 （前一日製作）

吉利丁泡水直到膨脹。鍋中放入水、細白砂糖和葡萄糖漿加熱至108°C。離火後，加入煉乳，再放回火上煮至沸騰。淋在牛奶巧克力上，拌入吸飽水分的吉利丁。以手持攪拌棒攪打，冷藏12小時。

檸檬甜塔皮

烤箱預熱至175°C。依照176頁的方法製作甜塔皮麵糰，將甜塔皮麵糰擀至0.3公分厚，然後鋪入直徑18公分塔圈。盲烤約15分鐘。靜置備用。

香蕉軟蛋糕

烤箱預熱至180°C。香蕉泥和生杏仁粉、麵粉、蛋液和馬斯科瓦多黑糖混合均勻。以電動打蛋器打發蛋白，再加入細白砂糖攪打至滑順富光澤。混合兩者，並拌入融化奶油。倒入鋪有烤墊的烤盤抹平，烘烤約15分鐘。出爐時以16公分塔圈切下一個圓片。

香蕉百香果凝乳

吉利丁泡水直到膨脹。混合蛋液、糖和液態鮮奶油。鍋中放入香蕉泥和百香果汁加熱，並加入蛋奶液，煮至沸騰。拌入吸飽水分的吉利丁和白巧克力混合均勻，靜置降溫至40°C。接著加入奶油，以手持攪拌棒攪打。冷藏1小時。

牛奶巧克力慕斯

吉利丁泡水直到膨脹，蛋黃加糖打發至顏色變淺。在鍋中放入鮮乳，倒入打發蛋黃，加熱至83°C。將吸飽水分的吉利丁加進鍋中，全體倒入裝有巧克力的容器中，再以手持攪拌棒攪打，靜置降溫至29°C。同時間，以電動打蛋器打發鮮奶油，加入降溫的巧克力糊。將慕斯倒入圈狀慕斯模至一半高度，以擠花袋和1.2公分圓形擠花嘴擠一圈香蕉凝乳（A），然後倒入慕斯至與模具等高。冷凍4小時。

香蕉糖煮果泥

香蕉切圓片，放入調理盆。加入融化奶油和黃砂糖混合均勻。烤盤放烤墊，鋪滿香蕉片，烘烤約10分鐘（B）。靜置冷卻後略為壓碎。拌入香蕉泥和黃檸檬汁，靜置備用。

組合和裝飾

軟蛋糕放入塔皮，鋪上香蕉果泥（C），抹平至與塔皮等高。鏡面淋醬加熱至25°C，一部分留在調理盆，加入古銅色食用色素粉備用（D）。巧克力慕斯圈脫模，放在鋪了烤盤紙的網架上。環狀慕斯淋滿牛奶巧克力鏡面淋醬，然後以擠花袋在表面擠出條紋狀花樣（E）。慕斯環放到塔皮上。牛奶巧克力片放在烤紙上，然後擺放至電動轉台。取部分凝乳填入裝有no.104擠花嘴的擠花袋，在圓片上擠出陀飛輪擠花（見184頁，裝飾），於表面噴滿黃色果膠，灑上些許融化的牛奶巧克力。慕絲圈中央填入其餘的香蕉百香果凝乳，將陀飛輪巧克力片擺放其上即完成（F）。

慕斯倒至半滿。擠出一圈香蕉凝乳，再以慕斯填滿。

香蕉片平攤在鋪了烤墊的烤盤上，烘烤約10分鐘。

軟蛋糕放入塔皮，然後填滿香蕉糖煮果泥。

鏡面淋醬加熱至25°C，保留一部分在調理盆中，與古銅色粉混合。

圈狀慕斯淋第一層牛奶巧克力鏡面淋醬，然後以古銅色鏡面淋醬擠出條紋花樣。

環狀慕斯中央填入其餘的香蕉百香果凝乳，然後擺上陀飛輪巧克力片。

材料

分量 / 大型塔1個	準備時間 / 1小時20分鐘	烹調時間 / 30分鐘	冷藏時間 / 12小時	冷凍時間 / 7小時

香草青檸打發甘納許
（前一日製作）
GANACHE MONTÉE VANILLE
ET CITRON VERT

魚膠吉利丁粉1公克
礦泉水7公克
全脂鮮乳50公克
有機青檸檬1/2顆，皮刨細絲
椰子粉35公克
香草莢1/2條
法芙娜® 歐帕莉絲（Opalys）
　調溫白巧克力130公克
液態鮮奶油135公克

布列塔尼沙布雷
SABLÉ BRETON

室溫軟化奶油95公克

細沙糖87公克
鹽之花2公克
香草莢1/4條
蛋黃38公克
T55麵粉125公克
泡打粉4公克

鳳梨八角糖煮果泥
COMPOTÉE ANANAS BADIANE

維多利亞鳳梨
　（ananas Victoria）100公克
香草莢1/2條
八角1/2個
水30公克
細白砂糖25公克
鳳梨泥50公克
百香果汁30公克
NH325果膠2公克

檸檬羅勒香草凝乳
CRÉMEUX VANILLE CITRONNÉ
ET BASILIC

魚膠吉利丁粉3公克
礦泉水21公克
液態鮮奶油150公克
鮮乳150公克
馬達加斯加香草莢1條
有機青檸檬1顆，皮刨細絲
新鮮羅勒5公克
蛋黃56公克
法芙娜® 歐帕莉絲（Opalys）
　調溫白巧克力187公克

裝飾

染成檸檬黃的香草果膠
新鮮鳳梨切細條
新鮮羅勒葉
有機青檸檬，皮刨細絲

工具

Silikomart® tarte Ring 塔模1個
Silikomart® 直徑14公分陀飛輪
　二連模1個
擠花袋
PF14 星形擠花嘴1個

製作步驟

香草青檸打發甘納許 （前一日製作）

吉利丁泡水直到膨脹。鮮乳和檸檬加熱，離火後，浸泡4分鐘。檸檬鮮乳過濾倒入椰子泥中，混合均勻。再加入香草，繼續加熱，但不可沸騰。加入吸飽水分的吉利丁，再倒入裝有巧克力的容器中。攪打混合之後，將冰涼的鮮奶油加入。冷藏12小時。

布列塔尼沙布雷

桌上型攪拌器裝上葉片形攪拌棒，攪拌缸倒入軟化奶油、細白砂糖、鹽之花和刮出的香草籽攪打。慢慢倒入蛋黃，再加進已過篩的麵粉和泡打粉。包上保鮮膜，冷藏鬆弛2小時。烤箱預熱至150℃。麵糰擀至1公分厚，用直徑17公分塔圈切出圓片。放入下方放了烤墊的tarte Ring 塔模中，烘烤約25分鐘。靜置冷卻。

鳳梨八角糖煮果泥

鳳梨切碎，和香草莢、刮出的香草籽、對切的八角、水，以及2/3的糖放入鍋中加熱，煮沸5分鐘，然後加入百香果汁和鳳梨泥。其餘的糖混合果膠拌入果泥。全體倒入大盤，蓋上保鮮膜，放入冰箱冷藏。

檸檬香草凝乳

吉利丁泡水直到膨脹。鮮奶油和鮮乳加熱，然後加入香草莢、刮出的香草籽、檸檬皮絲和羅勒。離火加蓋浸泡4分鐘後，過濾倒入蛋黃中，加熱至83℃。整體倒入裝有吸飽水分的吉利丁和調溫白巧克力的容器中。以手持攪拌棒攪打，靜置降溫至40℃，然後倒入陀飛輪二連模的其中一格。冷凍3小時。其餘凝乳倒入tarte Ring 模具，預留少許備用，冷藏30分鐘。先以刮刀拌勻果泥，接著倒在凝乳

上。最後淋上預留備用的凝乳，冷凍4小時。

組合和裝飾

凝乳從tarte Ring 模具脫模。染成黃色的淋面加熱至80℃，用噴槍噴滿凝乳表面，然後放在沙布雷上。陀飛輪凝乳脫模，也噴上淋面，然後擺在凝乳上。以桌上型攪拌器打發甘納許，擠花袋裝PF14星形擠花嘴，填入甘納許，在凝乳周圍擠花，並以新鮮鳳梨條和鮮嫩羅勒小葉片裝飾。撒上青檸檬皮絲。

Ananas badiane

八角鳳梨

Tiramisu

提拉米蘇

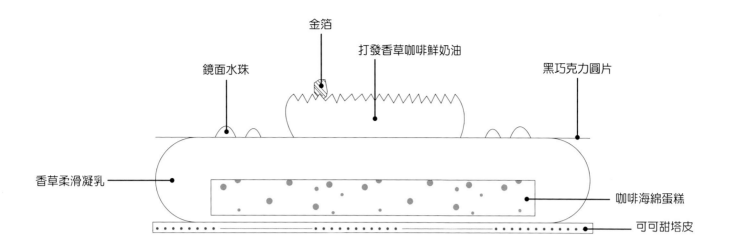

鏡面水珠　　　　金箔　　打發香草咖啡鮮奶油　　　　　黑巧克力圓片

香草柔滑凝乳　　　　　　　　　　　　　　　　　　　　　　咖啡海綿蛋糕

可可甜塔皮

材料

分量 / 大型塔1個　　準備時間 / 2小時　　烹調時間 / 40分鐘　　冷藏時間 / 12小時　　冷凍時間 / 4小時

香草咖啡打發鮮奶油
（前一日製作）
CRÈME VANILLE MONTÉE
CAFÉ

魚膠吉利丁粉 2公克
礦泉水 14公克
鮮乳 20公克
香草莢 1/2條
細白砂糖 20公克
馬斯卡彭乳酪 35公克
液態鮮奶油 160公克
咖啡濃縮液 5公克

可可甜塔皮
PÂTE SUCRÉE CACAO

膏狀奶油 50公克
糖粉 36公克
全蛋 16公克
T55麵粉 77公克
杏仁粉 10公克
可可粉 10公克

海綿蛋糕
GÉNOISE

生杏仁膏 16公克
細白砂糖 20公克
全蛋 50公克
T55麵粉 30公克
奶油 12公克

浸泡用咖啡液
IMBIBAGE CAFÉ

礦泉水 25公克
細白砂糖 25公克
深焙濃縮咖啡 50公克

香草柔滑凝乳
CRÈME FONDANTE VANILLÉE

魚膠吉利丁粉 4公克
礦泉水 28公克
馬斯卡彭乳酪 72公克
奶油乳酪 38公克
巴布亞紐幾內亞香草莢 1/2條
礦泉水 12公克
細白砂糖 13公克
蛋黃 20公克
液態鮮奶油 50公克
細白砂糖 30公克
蛋白 30公克

裝飾

直徑17公分黑巧克力圓片
（見186頁）
可可粉適量
巧克力淋面
香草味果膠
金箔

工具

直徑17公分塔圈1個
直徑12公分、高3公分塔圈1個
直徑8公分圓形切模1個
tarte Ring 模具組
擠花袋
no.104裝飾用擠花嘴1個
直徑1.2公分圓形擠花嘴1個
電動陶藝轉台1個

製作步驟

香草咖啡打發鮮奶油（前一日製作）

吉利丁泡水直到膨脹。鍋中放入鮮乳、香草莢和刮出的香草籽加熱。離火後，加蓋浸泡5分鐘。接著加入細白砂糖，靜置降溫。拌入吸飽水分的吉利丁，全體加熱至微沸。過濾倒入裝有馬斯卡彭乳酪的容器中，再加入冰涼的鮮奶油和咖啡濃縮液。倒入調理盆，靜置冷藏12小時。

可可甜塔皮

膏狀奶油和糖粉拌勻。加入全蛋、杏仁粉，以及已過篩的可可粉和麵粉。冷藏靜置1小時。烤箱預熱至165°C。塔皮擀至0.4公分厚，以17公分塔圈切出圓片。上下放烤墊烘烤10至12分鐘。靜置冷卻。

海綿蛋糕

烤箱預熱至175°C。桌上型攪拌器裝上打蛋器，生杏仁膏和細白砂糖攪打至鬆軟。逐次加入蛋液，直到整體呈輕盈濃郁狀。以刮刀輕輕拌入已過篩的麵粉。取出一部分麵糊，混入融化奶油，再倒回麵糊中輕輕拌勻。麵糊倒入直徑12公分塔圈，烘烤約20分鐘。用刀子刺入蛋糕確認熟度，若刀子拉回時表面乾淨，表示已烤透。靜置冷卻，切去表面使蛋糕平整，然後切成1公分厚的片狀。

浸泡用咖啡液

鍋中放入水和糖加熱。加熱濃縮咖啡，浸透海綿蛋糕。

香草柔滑凝乳

吉利丁泡水直到膨脹。馬斯卡彭乳酪回溫至室溫，與奶油乳酪和刮出的香草籽拌勻，但不可過度攪拌。鍋中放入第一份的糖和水加熱至85°C，製作波美度30°的糖漿。以電動打蛋器打發蛋黃，一邊倒入糖漿。繼續攪打至冷卻。拌入馬斯卡彭和奶油乳酪。以電動打蛋器打發液態鮮奶油，然後加入前者。鍋中放第二份水和糖，加熱至121°C。桌上型攪拌器裝上打蛋器，在攪拌盆中打發蛋白，然後倒入糖漿，放在攪拌器中降溫，再加入融化的吉利丁。以刮刀將打發蛋白拌入凝乳。整體倒入tarte Ring的模具，中央放上吸滿咖啡液的海綿蛋糕。冷凍4小時。

組合和裝飾

直徑17公分的巧克力片中央，切出直徑8公分的圓圈。以電動打蛋器打發香草咖啡鮮奶油，填入裝有no.104擠花嘴的擠花袋。直徑8公分的圓片置於電動轉台上，在上面擠出陀飛輪造型擠花（見184頁）。其餘的鮮奶油保留備用。直徑17公分（中間已挖空）的巧克力片撒滿可可粉，陀飛輪僅部分撒可可粉。柔滑凝乳脫模，放在甜塔皮上，上面擺放挖空的直徑17公分巧克力片，然後將其餘的香草咖啡打發鮮奶油，以1.2公分圓形擠花嘴擠在圓片中央。擺上陀飛輪，撒上可可粉的部分以巧克力淋面水珠、透明果膠水珠和金箔裝飾。

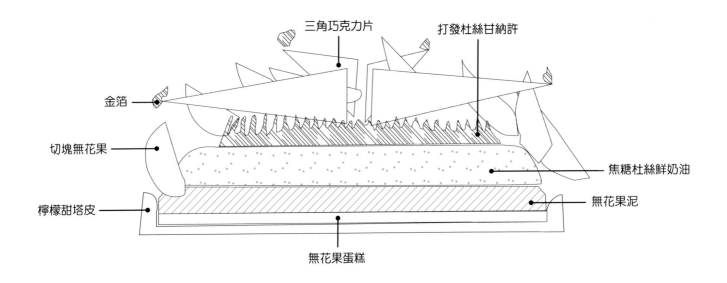

三角巧克力片
打發杜絲甘納許
金箔
切塊無花果
焦糖杜絲鮮奶油
檸檬甜塔皮
無花果泥
無花果蛋糕

材料　分量／大型塔1個　準備時間／1小時50分鐘　烹調時間／30分鐘　浸泡時間／12小時
冷藏時間／12小時＋1小時　冷凍時間／4小時

杜絲鏡面淋醬 （前一日製作）
GLAÇAGE DULCEY

魚膠吉利丁粉5公克
礦泉水30公克
澱粉13公克
打發用鮮奶油250公克
無糖煉乳85公克
細白砂糖84公克
法芙娜®杜絲（blond Dulcey）
　調溫巧克力60公克

打發杜絲甘納許 （前一日製作）
GANACHE MONTÉE DULCEY

液態鮮奶油73公克
葡萄糖漿8公克
法芙娜®杜絲（blond Dulcey）
　調溫巧克力100公克
冰涼液態鮮奶油185公克

無花果泥 （前一日製作）
PÂTE DE FIGUES

水1公升
完整無花果乾260公克

檸檬甜塔皮
PÂTE SUCRÉE CITRON

奶油90公克
T55麵粉140公克
細白砂糖27公克
有機黃檸檬1/2顆，皮刨細絲
精鹽0.5公克
杏仁糖粉（等量糖粉與杏仁粉
　混合）50公克
全蛋25公克

無花果蛋糕
MOELLEUX FIGUE

生杏仁膏60公克
黃砂糖（sucre cassonade）
　37公克
膏狀奶油37公克
T55麵粉37公克
全蛋37公克
自製無花果泥40公克

焦糖杜絲鮮奶油
CRÈME CARAMEL DULCEY

魚膠吉利丁粉2公克
礦泉水14公克
全脂鮮乳60公克
液態鮮奶油25公克
蛋黃25公克
細白砂糖30公克
法芙娜®杜絲（blond Dulcey）
　調溫巧克力20公克
液態鮮奶油80公克

裝飾

牛奶巧克力三角片
紫色無花果塊
金箔

工具

直徑20公分塔圈1個
直徑16公分矽膠慕斯模1個
擠花袋
no.104裝飾用擠花嘴1個
電動陶藝轉台1個

Figue chocolat
confiture de lait

無花果巧克力焦糖奶醬

製作步驟

杜絲鏡面淋醬 （前一日製作）

吉利丁泡水直到膨脹。澱粉加入少許打發用鮮奶油稀釋，其餘的鮮奶油和煉乳放入鍋中加熱，加入細白砂糖。接著拌入澱粉使整體變得濃稠。再加入吸飽水分的吉利丁，倒在裝有杜絲巧克力的容器中，以手持攪拌棒攪打。放入冰箱冷藏12小時。

打發杜絲甘納許 （前一日製作）

鍋中放入鮮奶油和葡萄糖漿加熱，倒入裝有巧克力的容器中，並以手持攪拌棒攪打。加入冰涼的鮮奶油，再度攪打。靜置冷藏12小時。

無花果泥 （前一日製作）

水煮至沸騰，淋在裝有無花果乾的容器中，靜置膨脹一夜。保留50公克浸泡果乾的水。製作當天，瀝乾無花果，以食物調理機打成泥。把50公克浸泡的水加入，攪打至質地柔滑。

檸檬甜塔皮

依照176頁的方法製作甜塔皮麵糰。麵糰擀至0.3公分厚，鋪入直徑20公分的塔圈。

無花果蛋糕

烤箱預熱至170°C。桌上型攪拌器裝上葉片型形攪拌棒，攪打杏仁膏和黃砂糖，並加入膏狀奶油。加入蛋液和一半的麵粉，以刮刀輕輕拌入其餘的麵粉與無花果泥。填入塔底，烘烤約18分鐘。靜置備用。

焦糖杜絲鮮奶油

吉利丁泡水直到膨脹。鍋中放入鮮乳和25公克液態鮮奶油。另取一個鍋子，將糖煮成乾式焦糖，然後倒入滾燙的鮮奶油稀釋。蛋黃加入糖打發至顏色變淺，加進焦糖液，加熱至83°C。拌入吸飽水分的吉利丁後，全體倒至裝有杜絲巧克力的容器中。以手持攪拌棒攪打，靜置降溫至25°C。取80公克鮮奶油，以電動打蛋器打發，加入巧克力糊。整體倒入慕斯模具，冷凍至少4小時。

組合和裝飾

塔底填入一層與塔皮等高的無花果醬，表面抹平（A）。鮮奶油慕斯脫模，放在底部有烤盤的網架上。杜絲鏡面淋醬加熱至24°C，淋在整個慕斯上（B），然後放到塔皮上。以桌上型攪拌器打發甘納許，填入裝有no.104擠花嘴的擠花袋。甜塔置於電動轉台，在慕斯表面擠出陀飛輪擠花（見184頁，基礎）。慕斯周圍擺上無花果塊（C），表面以牛奶巧克力片和金箔裝飾（D）。

塔底填入一層與塔皮等高的無花果醬，表面抹平。

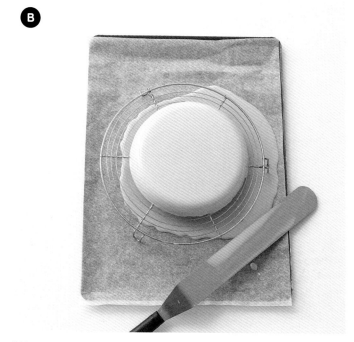

鮮奶油慕斯脫模，放上底部有烤盤的網架，淋上杜絲鏡面淋醬。

塔放上電動轉台，在慕斯表面擠出陀飛輪擠花，然後在慕斯周圍擺上無花果塊。

表面以牛奶巧克力片和金箔裝飾。

Passion combava

百香果箭葉橙

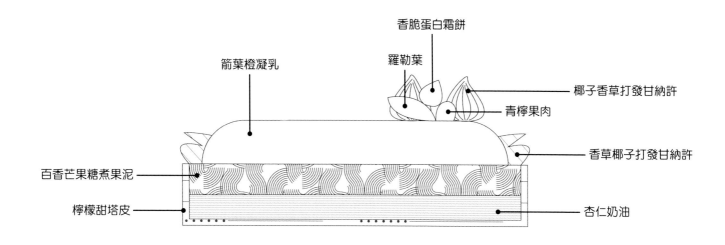

香脆蛋白霜餅

箭葉橙凝乳

羅勒葉

椰子香草打發甘納許

青檸果肉

香草椰子打發甘納許

百香芒果糖煮果泥

檸檬甜塔皮

杏仁奶油

材料

分量 / 大型塔1個　　準備時間 / 2小時　　烹調時間 / 1小時40分鐘　　冷藏時間 / 12小時＋1小時　　冷凍時間 / 3小時

香草椰子青檸打發甘納許
（前一日製作）
GANACHE MONTÉE COCO
VANILLE ET CITRON VERT

魚膠吉利丁粉1公克
礦泉水7公克
全脂鮮乳50公克
有機青檸檬1/2顆
椰子泥35公克
香草莢1/2條
法芙娜® 歐帕莉絲（Opalys）
　　調溫白巧克力130公克
液態鮮奶油135公克

香脆蛋白霜餅
MERINGUES CROQUANTES

蛋白30公克
細白砂糖30公克
糖粉30公克

檸檬甜塔皮
PÂTE SUCRÉE CITRON

奶油90公克
T55麵粉140公克
細白砂糖27公克
有機黃檸檬1/2顆，皮刨細絲
精鹽0.5公克
杏仁糖粉（等量糖粉與杏仁粉
　　混合）50公克
全蛋25公克

箭葉橙凝乳
CRÉMEUX COMBAVA

魚膠吉利丁粉1公克
礦泉水7公克
箭葉橙皮絲2公克
羅勒葉2公克
全脂鮮乳30公克
有機黃檸檬汁45公克
全蛋50公克
細白砂糖50公克
奶油80公克

杏仁奶油
CRÈME D'AMANDE

膏狀奶油40公克
糖粉45公克
生杏仁粉45公克
全蛋40公克
馬鈴薯澱粉7公克

百香芒果糖煮果泥
COMPOTÉE DE MANGUE
PASSION

芒果果肉120公克
百香果汁80公克
細白砂糖50公克
NH325果膠4公克

裝飾

染成綠色的無味果膠250公克
有機青檸檬果肉
新鮮羅勒葉
有機箭葉橙皮細絲

工具

直徑18公分塔圈1個
PCB Création® 直徑15公分
　　熱成型慕斯塔模（Tarte
　　thermoformé）1個
擠花袋
直徑1公分圓形擠花嘴1個
PF14星形擠花嘴1個
no.104裝飾用擠花嘴1個

製作步驟

香草椰子青檸打發甘納許

（前一日製作）

吉利丁泡水直到膨脹。鍋中放入鮮乳和青檸檬加熱，離火後，加蓋浸泡4分鐘，然後過濾倒入椰子泥中。加入刮出的香草籽，再放回火上加熱，但不可煮至沸騰。加入吸飽水分的吉利丁，過濾倒入裝有巧克力的容器中。以手持攪拌棒攪打，然後倒入冰涼的鮮奶油拌勻。放入冰箱冷藏12小時。

香脆蛋白霜餅

烤箱預熱至100°C。以電動打蛋器打發蛋白，再加入細白砂糖打發至光滑緊實。加入已過篩的糖粉，用刮刀輕輕拌勻。填入裝有直徑1公分擠花嘴的擠花袋，擠成水滴狀。烘烤1小時。蛋白霜餅放入密封容器備用。

箭葉橙凝乳

吉利丁泡水直到膨脹。鍋中放入鮮乳、箭葉橙皮絲和羅勒葉加熱。離火後，加蓋浸泡約8分鐘。加熱檸檬汁，但不可沸騰。全蛋和糖打發至顏色變淺，拌入箭葉橙鮮乳。整體倒入熱檸檬汁，加熱至沸騰。倒在吸飽水分的吉利丁上，並以手持攪拌棒攪打。靜置降溫至40°C，然後加入奶油塊再度攪打。倒入 PCB Création® 塔模（A）。冷凍3小時。

檸檬甜塔皮

依照176頁的方法製作甜塔皮麵糰。麵糰擀至0.3公分厚，鋪入直徑18公分的塔圈中。

杏仁奶油

烤箱預熱至165°C。桌上型攪拌器裝上葉片形攪拌棒，混合膏狀奶油和糖粉。加入杏仁粉和全蛋蛋液，接著倒入澱粉。填入塔底（B），烘烤約20分鐘。放涼備用。

百香芒果糖煮果泥

混合糖和果膠。鍋中放入芒果果肉和百香果汁加熱，然後加入糖。煮至沸騰後倒入調理盆。蓋上保鮮膜，放入冰箱冷藏1小時。以手持攪拌棒攪打，填入塔皮至與塔皮邊緣等高（C）。抹平後靜置備用。

組合和裝飾

箭葉橙凝乳脫模，放在底部有烤盤的網架上。淋滿果膠，然後放在塔皮上。以桌上型攪拌器打發甘納許，填入裝有no.104擠花嘴的擠花袋。在淋面慕斯周圍擠花（D）。其餘的甘納許填入裝有PF14星形擠花嘴的擠花袋，在慕斯表面擠花。青檸果肉擺在慕斯表面，並以小羅勒葉和香脆蛋白霜餅裝飾。撒上箭葉橙皮絲。

箭葉橙凝乳倒入PCB Création® 塔模，冷凍3小時。

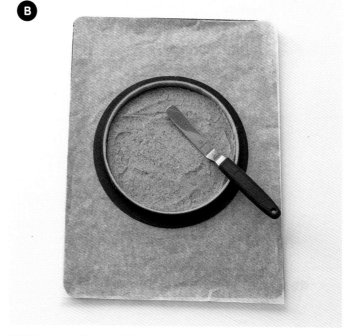

塔底填入杏仁奶油，烘烤20分鐘。

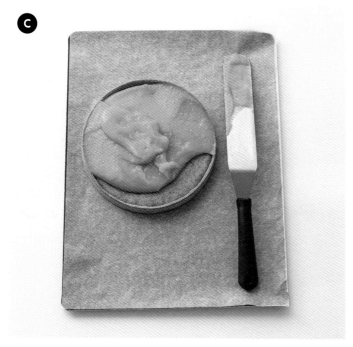

塔皮填入百香芒果糖煮果泥，抹平。

塔中央擺上淋滿淋面的慕斯。打發青檸椰子香草甘納許，以no.104擠花嘴擠花。

Chouchou chocolat

巧克力寶貝

材料

分量 / 慕斯蛋糕1個　　準備時間 / 2小時　　烹調時間 / 1小時5分鐘　　冷藏時間 / 12小時＋2小時　　冷凍時間 / 3小時

巧克力鏡面淋醬 （前一日製作）
GLAÇAGE MIROIR CHOCOLAT

魚膠吉利丁粉9公克
礦泉水63公克
液態鮮奶油100公克
葡萄糖漿60公克
可可粉40公克
礦泉水56公克
細白砂糖140公克

可可甜塔皮
PÂTE SUCRÉE CACAO

膏狀奶油100公克
糖粉72公克
全蛋32公克
T55麵粉144公克
杏仁粉20公克
可可粉20公克

無麵粉巧克力蛋糕
BISCUIT CHOCOLAT SANS FARINE

法芙娜®依蘭卡（Illanka）
　　63%祕魯調溫巧克力55公克
純可可膏15公克
蛋黃95公克
細白砂糖55公克
蛋白147公克
細白砂糖55公克

黑醋栗覆盆子糖煮果泥
COMPOTÉE DE CASSIS ET FRAMBOISES

魚膠吉利丁粉1公克
礦泉水7公克
細白砂糖30公克
NH325果膠3公克
黑醋栗果肉125公克
覆盆子果肉65公克

超濃巧克力凝乳
CRÉMEUX CHOCOLAT INTENSE

魚膠吉利丁粉2公克
礦泉水7公克
蛋黃30公克
細白砂糖12公克
液態鮮奶油200公克
法芙娜®依蘭卡（Illanka）
　　63%祕魯調溫巧克力88公克

巧克力慕斯
MOUSSE CHOCOLAT

蛋黃20公克
細白砂糖12公克
全脂鮮乳60公克
法芙娜®依蘭卡（Illanka）
　　63%祕魯調溫巧克力70公克
液態鮮奶油100公克

零陵香豆凝乳
CRÉMEUX VANILLE ET TONKA

魚膠吉利丁粉2公克
礦泉水14公克
全脂鮮乳100公克
液態鮮奶油100公克
零陵香豆1/4顆，刨粉
香草莢1條
蛋黃38公克
法芙娜®歐帕莉絲（Opalys）
　　調溫白巧克力125公克

噴槍用紫色醬汁
SAUCE PISTOLET VIOLETTE

法芙娜®歐帕莉絲（Opalys）
　　調溫白巧克力63公克
可可脂50公克
覆盆子紅可可脂15公克
藍莓藍可可脂3公克

裝飾

紫色巧克力長方片和圓片
　　（見186頁，基礎）
加入紫色色素的果膠
銀箔

工具

Silikomart® Globe矽膠模1個
3.5公分圓形切模1個
PCB Création Palet模1個
Silikomart® 陀飛輪十五連模1個
噴槍

製作步驟

巧克力鏡面淋醬 <small>(前一日製作)</small>

吉利丁泡水直到膨脹。加熱鮮奶油和葡萄糖漿，但不可沸騰，再加入可可粉，靜置備用。另取一個鍋子加熱水和糖至110°C，拌入可可鮮奶油和吸飽水分的吉利丁。略為攪打，放入冰箱冷藏12小時。

可可甜塔皮

膏狀奶油和糖粉拌勻。加入全蛋、杏仁粉，以及已過篩的可可粉和麵粉。冷藏靜置1小時。烤箱預熱至165°C，塔皮擀至0.3公分厚，以慕斯模尺寸為基準切出塔皮形狀（見右頁）。上下放烤墊烘烤10至12分鐘。靜置冷卻。

無麵粉巧克力蛋糕

烤箱預熱至180°C。巧克力和純可可膏放入鍋中加熱融化至45°C。蛋黃和糖打發至顏色變淺，靜置備用。以電動打蛋器打發蛋白，然後加入糖打發至光滑緊實。混合打發蛋黃和蛋白，加入1/3融化巧克力拌勻，再倒入其餘的巧克力。巧克力糊倒在鋪了烤盤紙的烤盤上抹平，烘烤約15分鐘。出爐時以直徑3.5公分的圈模切出5個圓片。

黑醋栗覆盆子糖煮果泥

吉利丁加水直到膨脹。鍋中放入果肉加熱至40°C。混合糖和果膠，倒入果泥中煮至沸騰並混合均勻，放入冰箱冷藏30分鐘。再度攪打果泥，填入Globe模具至半滿。擺上無麵粉蛋糕，靜置備用（A）。

超濃巧克力凝乳

吉利丁泡水直到膨脹。蛋黃和糖打發至顏色變淺，置於一旁備用。鍋中放入鮮奶油加熱，加入打發蛋黃。加熱至85°C，然後淋在吸飽水分的吉利丁和巧克力上。以手持攪拌棒攪打均勻。填在果泥上方，抹平（B）。冷凍約1小時。

巧克力慕斯

蛋黃和糖打發至顏色變淺。鍋中放入鮮乳加熱，加入打發蛋黃，加熱至85°C。淋在調溫巧克力上，以手持攪拌棒攪打。靜置降溫至30°C。同時間，以電動打蛋器打發鮮奶油，拌入巧克力糊中。

零陵香豆凝乳

吉利丁泡水直到膨脹。鍋中放入鮮奶油和鮮乳加熱，加入刨粉的零陵香豆和香草籽。蛋黃倒入加熱至85°C的熱鮮奶油，然後整體倒入吸飽水分的吉利丁和白色調溫巧克力中。以手持攪拌棒攪打，倒入陀飛輪模具。冷凍1小時。

噴槍用紫色醬汁

所有材料一起加熱融化至40°C。

組合和裝飾

巧克力慕斯填入Palet模。Globe模具中的蛋糕果泥脫模，放入圓模中央。倒入其餘的巧克力慕斯抹平（C和D）。冷凍約1小時。慕斯蛋糕脫模，放上網架，下方放烤盤。鏡面淋醬調整溫度至27°C，淋滿整個慕斯（E），擺在甜塔皮上。陀飛輪脫模，噴上紫色醬汁。每一朵慕斯上放一個巧克力圓片，並交錯擺上長方形紫色巧克力。陀飛輪擺在巧克力圓片上，並以少許紫色果膠水珠和銀箔裝飾（F）。

A

果泥填入 Globe 模具至半滿,再擺上無麵粉蛋糕。

B

凝乳填在果泥蛋糕上,表面抹平。

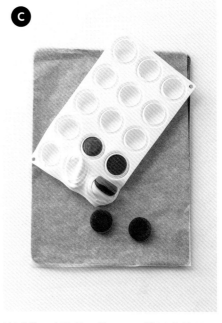

C

冷凍約 1 小時後,將 Globe 模具中的果泥凝乳脫模。

D

模具填滿巧克力慕斯,擺上果泥凝乳。倒入其餘的巧克力慕斯抹平表面。

E

慕斯蛋糕脫模,放上網架,下方放烤盤。鏡面淋醬淋滿整個慕斯,擺在甜塔皮上。

F

每一朵慕斯上放一個巧克力圓片,並交錯擺上長方形紫色巧克力。陀飛輪擺在巧克力圓片上,並以果膠水珠裝飾。

慕斯蛋糕 Les entremets · 69

Fleur caramel
vanille orange

焦糖香草柳橙花花

材料

分量 / 慕斯蛋糕1個　　準備時間 / 2小時30分鐘　　烹調時間 / 40分鐘　　冷藏時間 / 3小時　　冷凍時間 / 6小時

英式奶油沙布雷
SABLÉ SHORTBREAD

膏狀奶油100公克
糖粉55公克
香草莢1/2條
有機檸檬1/2顆，皮刨細絲
有機柳橙1/2顆，皮刨細絲
鹽之花2公克
T55麵粉125公克
蛋黃8公克

香草托卡多雷蛋糕
BISCUIT TROCADÉRO VANILLE

杏仁糖粉（等量糖粉與杏仁粉混合）
　240公克
香草莢1/2條
澱粉16公克
蛋白80公克
蛋黃10公克
蛋白80公克
細白砂糖44公克
融化奶油92公克

香草焦糖
CARAMEL VANILLE

液態鮮奶油72公克
香草莢1/2條
細白砂糖70公克
葡萄糖漿12公克
奶油12公克

香草柳橙鮮奶油
CRÈME VANILLE ORANGE

魚膠吉利丁粉2公克
礦泉水14公克
蛋黃13公克
細白砂糖13公克
液態鮮奶油50公克
香草莢1/2條
柳橙1/4顆，皮刨細絲
液態鮮奶油200公克

香草凝乳
CRÉMEUX VANILLE

魚膠吉利丁粉1.5公克
礦泉水10.5公克
全脂鮮乳75公克
液態鮮奶油75公克
馬達加斯加香草莢1/2條
蛋黃30公克
法芙娜®歐帕莉絲（Opalys）
　33%調溫白巧克力90公克

噴槍用黃色醬汁
SAUCE PISTOLET JAUNE

法芙娜®歐帕莉絲（Opalys）
　調溫白巧克力50公克
可可脂50公克
檸檬黃可可脂2公克
蛋黃色可可脂10公克

裝飾

芒果色香草果膠250公克
8×1.5公分白巧克力片12片

工具

直徑8公分圓形切模1個
Silikomart®迷你閃電泡芙十二連模1個
Silikomart®迷你閃電泡芙切模1個
直徑6公分圓形切模1個
直徑8公分塔圈1個
Silikomart® Cupole模具1個
擠花袋
no.104裝飾用擠花嘴1個
噴槍1個
電動陶藝轉台1個

製作步驟

英式奶油沙布雷

烤箱預熱至165°C。按照177頁的指示，製作英式奶油沙布雷麵糰。擀至0.3公分厚（A）。以直徑8公分圓形切模切出一個圓片，以及Silikomart®迷你閃電泡芙切模大的那一面切出12個長條形塔皮（B）。烤盤鋪烤墊，放上沙布雷，烘烤約15分鐘。靜置備用。

香草托卡多雷蛋糕

烤箱預熱至165°C。依照179頁的指示，製作托卡多雷蛋糕。烘烤約15分鐘。以直徑6公分切模切出圓片，以及Silikomart®迷你閃電泡芙切模小的一面切出12個手指狀蛋糕。置於一旁備用。

香草焦糖

鍋中放入鮮奶油、香草莢和刮出的香草籽加熱。離火加蓋浸泡5分鐘，然後過濾。另一個鍋中放入糖和葡萄糖漿煮至焦糖化，然後倒入浸泡過的鮮奶油稀釋。加熱至103°C，加入切成小塊的奶油，以手持攪拌棒攪打。冷藏1小時。

香草柳橙鮮奶油

吉利丁泡水直到膨脹。鍋中放入50公克鮮奶油、香草與柳橙皮絲。蛋黃加糖打發至顏色變淺，加熱的鮮奶油倒入蛋黃中，加熱至83°C。放入吸飽水分的吉利丁，靜置降溫至25°C。同時間，以電動打蛋器打發其餘鮮奶油，拌入蛋奶糊。托卡多雷蛋糕圓片放入塔圈中央，上面擠上焦糖。圓片蛋糕填滿香草柳橙奶油，表面抹平。其餘奶油倒入閃電泡芙模具裡，擠上焦糖，擺上托卡多雷蛋糕。全體冷凍4小時。

香草凝乳

吉利丁泡水直到膨脹。鍋中放入鮮奶油和鮮乳加熱。加入香草莢和刮出的香草籽，離火後，加蓋浸泡5分鐘。加入蛋黃，放回火上加熱至83°C。接著過濾淋在吸飽水分的吉利丁和調溫白巧克力上，攪打均勻。倒入Cupole模具，冷凍2小時（C）。其餘的凝乳冷藏2小時。

組合和裝飾

閃電泡芙狀香草柳橙奶油脫模，淋滿芒果色果膠，放在香脆的沙布雷上。圓慕斯脫模，放上電動轉台，Cupole模中的慕斯脫模，放在圓慕斯上。其餘的香草凝乳在慕斯表面擠上陀飛輪擠花（D）（見184頁，基礎）。製作噴槍醬汁：所有材料混合融化至40°C，以噴槍噴在慕斯蛋糕上。慕斯蛋糕擺在香脆沙布雷上。手指慕斯以白巧克力片裝飾，慕斯蛋糕則以芒果色果膠水珠裝飾。

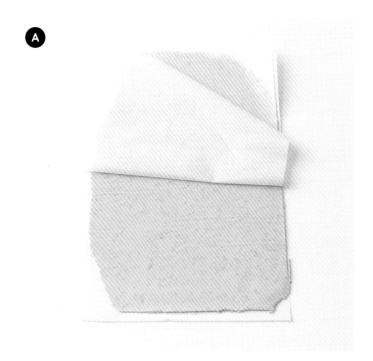

麵糰擀至0.3公分厚。

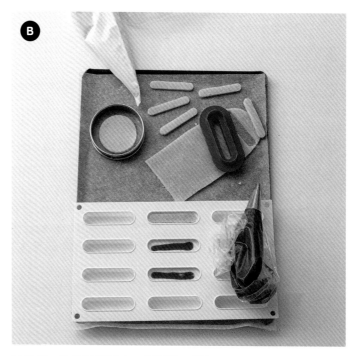

以直徑8公分切模切出一個圓片,並以Silikomart® 手指切模較大的一面切出12個長條形。

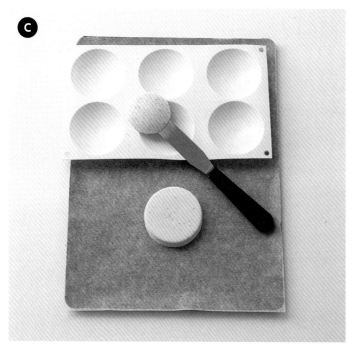

香草凝乳倒入Cupole模具其中一格,冷凍2小時。

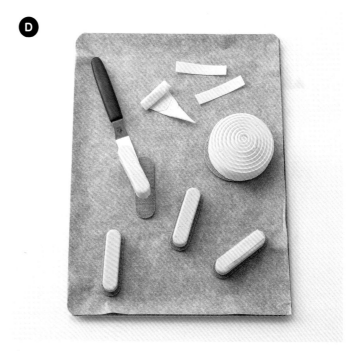

香草柳橙閃電慕斯淋滿芒果色淋面,放到香脆沙布雷上。圓形凝乳放在慕斯蛋糕上,以其餘香草檸乳擠出陀飛輪擠花。

材料

分量 / 慕斯蛋糕1個　　準備時間 / 1小時30分鐘　　烹調時間 / 20分鐘　　冷藏時間 / 12小時＋15分鐘　　冷凍時間 / 5小時

打發巧克力甘納許 （前一日製作）
GANACHE MONTÉE CHOCOLAT

全脂鮮乳70公克
細白砂糖18公克
法芙娜®馬卡耶（Macaé）
　　62%調溫黑巧克力75公克
液態鮮奶油160公克

巧克力托卡多雷蛋糕
BISCUIT TROCADÉRO CHOCOLAT

杏仁糖粉（等量糖粉與杏仁粉混合）
　　337公克
可可粉8公克
澱粉15公克
蛋白110公克
蛋黃20公克
蛋白115公克
細白砂糖67公克
融化奶油130公克
法芙娜®瓜納拉（Guanaja）
　　70%調溫黑巧克力65公克

堅果脆底
PALET CROUSTILLANT

切碎榛果37公克
胡桃31公克
榛果醬22公克
黑占度亞巧克力堅果醬
　　（gianduja noir）28公克
法芙娜®白希比（Bahibé）
　　46%調溫牛奶巧克力28公克
超薄脆餅（feuillantine）25公克
鹽之花1小撮

巧克力凝乳
CRÉMEUX CHOCOLAT

魚膠吉利丁粉1公克
礦泉水7公克
液態鮮奶油60公克
全脂鮮乳32公克
細白砂糖14公克
法芙娜®白希比（Bahibé）
　　46%調溫牛奶巧克力36公克
法芙娜®馬卡耶（Macaé）
　　62%調溫黑巧克力20公克

超濃黑巧克力慕斯
MOUSSE CHOCOLAT NOIR INTENSE

法芙娜®瓜納拉（Guanaja）70%調溫
　　黑巧克力135公克
打發用鮮奶油165公克
礦泉水32公克
細白砂糖33公克
蛋黃50公克
全蛋25公克

巧克力鏡面淋醬
GLAÇAGE MIROIR CHOCOLAT

魚膠吉利丁粉9公克
礦泉水63公克
液態鮮奶油100公克
葡萄糖漿60公克
可可粉40公克
礦泉水56公克
細白砂糖140公克

裝飾

黑巧克力圓片
巧克力淋面
銀箔

工具

40×30公分烤盤1個
直徑16公分圈模1個
直徑18公分圈模1個
直徑16公分矽膠圓模1個
PCB Création®直徑12公分鏡面淺圓模
Silikomart®直徑18公分矽膠Eclipse模1個
擠花袋
no.104裝飾用擠花嘴1個
電動陶藝轉台1個

Intense chocolat

超濃巧克力

製作步驟

打發巧克力甘納許 (前一日製作)

鮮乳和糖放入鍋中加熱。淋在裝有調溫巧克力的容器中,以手持攪拌棒攪打,倒入冰涼的鮮奶油拌勻。放入冰箱冷藏12小時。

巧克力托卡多雷蛋糕

烤箱預熱至165°C。桌上型攪拌器裝上葉片形攪拌棒,攪拌缸放入杏仁糖粉、可可粉和澱粉攪拌。加入第一份蛋白和帶黃,繼續攪拌。以電動打蛋器打發第二份蛋白,加入糖打發至光滑緊實。打發蛋白拌入麵糊,再加入融化奶油和融化巧克力。倒入鋪有烤墊的烤盤,烘烤約12分鐘。出爐後以直徑16公分圈模切出圓片。

堅果脆底

榛果、核桃和胡桃略切碎,放入烤箱烘烤。融化占度亞巧克力堅果醬,與榛果醬混合均勻。融化牛奶巧克力,倒入榛果占度亞。拌入堅果、超薄脆片和鹽,填入直徑18公分的圈模(A)。冷藏15分鐘。

巧克力凝乳

吉利丁泡水直到膨脹。鍋中放入鮮奶油和鮮乳加熱。另一個鍋中放入糖,煮至成為乾式焦糖,然後倒入熱鮮奶油稀釋。加入吸飽水分的吉利丁後,倒進裝有巧克力的容器中。以手持攪拌棒攪打,靜置降溫至35°C。將凝乳倒在直徑16公分模具中的托卡多雷蛋糕上(B)。靜置冷凍2小時。

超濃黑巧克力慕斯

巧克力融化至45°C。以電動打蛋器打發鮮奶油,冷藏備用。鍋中放入水和糖加熱至85°C,製作波美度30°的糖漿。桌上型攪拌器裝上打蛋器,蛋黃和全蛋放入攪拌缸攪打,緩緩倒入滾燙的波美糖漿,一邊不停攪打至冷卻。取部分打發鮮奶油拌入融化巧克力,然後拌入沙巴雍。以刮刀輕輕拌入其餘的打發鮮奶油。填入直徑12公分的鏡面圓模,其餘的倒入Eclipse模具。覆滿凝乳的托卡多雷蛋糕放入模具中央。慕斯不可高於蛋糕(C)。兩個模具皆冷凍至少3小時。

巧克力鏡面淋醬

吉利丁泡水直到膨脹。鮮奶油和葡萄糖漿加熱至溫熱,加入可可粉。另取一只鍋子,加熱水和糖至110°C。鮮奶油倒入糖漿,煮至沸騰。加入吸飽水分的吉利丁,以手持攪拌棒攪打均勻。冷藏備用。

組合和裝飾

慕斯脫模,放在下方墊烤盤的網架上。淋滿溫度28°C的鏡面淋醬(D),接著將慕斯放在堅果脆底上。以桌上型攪拌器打發甘納許,填入裝有no.104擠花嘴的擠花袋。蛋糕轉台墊烤盤紙,放上巧克力鏡面圓片慕斯,在表面以甘納許擠出陀飛輪擠花(見184頁,基礎)。移除烤盤紙,將陀飛輪放在慕斯蛋糕中央。以黑巧克力圓片、巧克力淋面水珠和銀箔裝飾。

堅果脆底填入直徑 18 公分圈模。冷藏 15 分鐘。

托卡多雷蛋糕放入直徑 16 公分模具，倒入凝乳。

其餘凝乳倒入 Eclipse 模具。覆滿凝乳的蛋糕放在模具中央。

慕斯蛋糕脫模，放在下方鋪烤盤的網架上。覆滿淋面。

Éclat cassis

酸甜黑醋栗

材料

分量 / 慕斯蛋糕1個　　準備時間 / 2小時30分鐘　　烹調時間 / 55分鐘　　冷藏時間 / 12小時＋5小時　　冷凍時間 / 3小時

白色淋面（前一日製作）
GLAÇAGE BLANC

魚膠吉利丁粉4公克
礦泉水28公克
馬鈴薯澱粉10公克
打發用鮮奶油187公克
無糖煉乳62公克
法芙娜®歐帕莉絲（Opalys）
　調溫白巧克力37公克
細白砂糖75公克

椰子香草青檸打發甘納許
（前一日製作）
GANACHE MONTÉE COCO
VANILLE ET CITRON VERT

魚膠吉利丁粉1公克
礦泉水7公克
全脂鮮乳50公克
有機青檸檬1/2顆
椰子泥35公克
香草莢1/2條
法芙娜®歐帕莉絲（Opalys）
　調溫白巧克力130公克
液態鮮奶油135公克

超軟栗子蛋糕
BISCUIT MOELLEUX AUX MARRONS

奶油38公克
杏仁粉55公克
糖粉37公克
馬鈴薯澱粉9公克
麵粉3公克
安貝（Imbert®）奧本納斯栗子膏
　（pâte de marron d'Aubenas）12公克
陳年蘭姆酒10公克
安貝（Imbert®）奧本納斯栗子泥
　（crème de marrons d'Aubenas）5公克

蛋白30公克
蛋白30公克
細白砂糖20公克

英式奶油沙布雷
SABLÉ SHORTBREAD

膏狀奶油75公克
香草莢1/4條
有機檸檬1/4顆，皮刨細絲
有機柳橙1/4顆，皮刨細絲
鹽之花1公克
糖粉41公克
T55麵粉93公克
蛋黃6公克

黑醋栗覆盆子糖煮果泥
COMPOTÉE DE CASSIS ET FRAMBOISES

魚膠吉利丁粉1公克
礦泉水7公克
細白砂糖24公克
NH325果膠2.5公克
黑醋栗果肉97公克
覆盆子果肉48公克

君度橙酒香草奶油
CRÈME VANILLE AU COINTREAU®

魚膠吉利丁粉3公克
礦泉水21公克
蛋黃20公克
細白砂糖17公克
液態鮮奶油76公克
香草莢1/2條
君度橙酒6公克
液態鮮奶油193公克

栗子凝乳
CRÉMEUX MARRONS

魚膠吉利丁粉1公克
礦泉水7公克
全脂鮮乳66公克
蛋黃10公克
安貝（Imbert®）奧本納斯栗子泥
　（crème de marrons d'Aubenas）17公克
安貝（Imbert®）奧本納斯栗子膏
　（pâte de marron d'Aubenas）75公克
奶油20公克

噴槍用紫色醬汁
SAUCE PISTOLET VIOLETTE

法芙娜®歐帕莉絲（Opalys）
　調溫白巧克力65公克
可可脂50公克
覆盆子紅可可脂15公克
藍莓藍可可脂2公克

裝飾

新鮮椰肉刨片
椰子粉
加入紫色色素的果膠
銀箔

工具

直徑16公分與19公分塔圈
PCB Création®鏡面模1個
擠花袋
no.104裝飾用擠花嘴1個
電動陶藝轉台1個

製作步驟

白色淋面 (前一日製作)

吉利丁泡水直到膨脹。澱粉混合少許打發用鮮奶油稀釋。其餘的鮮奶油和煉乳放入鍋中加熱，再加入細白砂糖，並拌入稀釋的澱粉混合，使整體呈濃稠狀。拌入吸飽水分的吉利丁，淋在裝有巧克力的容器中。攪拌後放入冰箱冷藏12小時。

椰子香草青檸打發甘納許

（前一日製作）

吉利丁泡水直到膨脹。鮮乳加入青檸檬加熱，離火後，浸泡4分鐘。接著過濾倒入椰子泥中，混合均勻。加入刮出的香草籽，加熱但不可沸騰。放入吸飽水分的吉利丁後，淋在裝有巧克力的容器中拌勻，再加入冰涼的鮮奶油。放入冰箱冷藏12小時。

超軟栗子蛋糕

烤箱預熱至170°C。先製作焦化奶油，將奶油加熱至呈金褐色。混合杏仁粉、糖粉、澱粉和麵粉，整體過篩備用。栗子膏混合蘭姆酒，加入栗子泥，接著拌入第一份蛋白，然後混合粉狀材料。以電動打蛋器打發第二份蛋白，再加入細白砂糖打發至光滑緊實。拌入第一份麵糊，加入降溫至40°C的焦化奶油。倒入直徑16公分塔圈，烘烤約14分鐘。靜置冷卻。

英式奶油沙布雷

烤箱預熱至160°C。依照177頁的指示，製作英式奶油沙布雷麵糰。擀至0.3公分厚，以19公分塔圈切出圓片。上下各放一片烤墊，烘烤約15分鐘。靜置備用。

黑醋栗覆盆子糖煮果泥

吉利丁泡水直到膨脹。混合糖和果膠。果泥放入鍋中加熱，至40°C時，加入果膠和糖，煮至沸騰，然後放入冰箱冷卻。攪打黑醋栗和覆盆子果泥，塗滿超軟栗子蛋糕表面（A）。

君度橙酒香草奶油

吉利丁泡水直到膨脹。蛋黃和糖打發至顏色變淺。鮮奶油和香草莢放入鍋中加熱，淋在打發蛋黃上。整體倒回鍋中，加熱至83°C，再加入吉利丁和君度橙酒。以電動打蛋器打發其餘的鮮奶油。香草鮮奶油降溫至25°C時，加入打發鮮奶油。PCB®鏡面模下方填入鮮奶油，擺上塗滿果泥的栗子蛋糕，沒有果醬的一面朝上（B）。表面抹平，冷凍約2小時。

栗子凝乳

吉利丁泡水直到膨脹。加熱鮮乳，蛋黃混合栗子泥，倒入鮮乳中，加熱至85°C。整體淋在吸飽水分的吉利丁、蘭姆酒和栗子膏上，然後以手持攪拌棒攪打。降溫至40°C時，加入奶油，再度攪打。凝乳倒入PCB®鏡面模上部。冷凍1小時。

噴槍用紫色醬汁

所有材料混合加熱至40°C。

組合和裝飾

以桌上型攪拌器打發甘納許，倒入裝有no.104擠花嘴的擠花袋。冷凍栗子凝乳脫模，放在烤盤紙上，然後移至轉台，在凝乳表面上擠花（見184頁，基礎）。冷藏備用。鏡面模底部脫模，放在底部墊烤盤的網架上。白色鏡面淋醬加熱至23°C，中央擺上直徑18公分圈模，圈模外圍的香草奶油慕斯表面淋滿鏡面淋醬（C）。接著整體放在英式奶油沙布雷上。陀飛輪擠花去除底部烤盤紙，表面噴滿紫色醬汁，然後擺在慕斯蛋糕中央。慕斯蛋糕底部以椰子粉裝飾，陀飛輪上擺新鮮椰肉刨片（D）、紫色果膠水珠與銀箔。

混合黑醋栗和覆盆子糖煮果泥，塗滿超軟栗子蛋糕表面。

PCB®鏡面模下半部填入君度橙酒香草奶油，放入塗滿果泥的栗子蛋糕，沒有果泥的一面朝上。

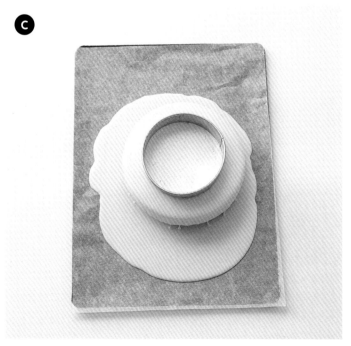

慕斯中央以直徑18公分圈模保護，其餘部分覆滿香草奶油鏡面淋醬。

香草奶油慕斯蛋糕放在英式奶油沙布雷上。慕斯底部以椰子粉裝飾，陀飛輪脫模，擺上新鮮椰肉刨片。

材料

分量 / 慕斯蛋糕1個　　準備時間 / 1小時　　烹調時間 / 25分鐘　　冷藏時間 / 2小時30分鐘　　冷凍時間 / 3小時

熱帶水果淋醬
COULIS EXOTIQUE

魚膠吉利丁粉2公克
礦泉水14公克
芒果泥100公克
百香果泥30公克
鳳梨泥25公克
細白砂糖20公克

香脆沙布雷
SABLÉ CROUSTILLANT

膏狀半鹽奶油61公克
杏仁糖粉（等量糖粉與杏仁粉
　混合）35公克
全蛋8公克
T55麵粉58公克
泡打粉2公克

沙布雷餅乾底
SABLÉ PRESSÉ

烤好的香脆沙布雷160公克
有機青檸檬1/4顆，皮刨細絲
融化奶油40公克
可可脂10公克

香草柔滑乳餡
CRÈME FONDANTE VANILLÉE

魚膠吉利丁粉4公克
礦泉水28公克
馬斯卡彭乳酪72公克
奶油乳酪38公克
巴布亞紐幾內亞香草莢1/2條
礦泉水12公克
細白砂糖13公克
蛋黃20公克
液態鮮奶油50公克
細白砂糖30公克
蛋白30公克

裝飾

芒果1顆
紅龍果1顆
椰子粉適量

工具

直徑18公分圈模1個
直徑17公分塔圈1個
直徑14公分Silikomart®陀飛輪
　二連模1個
直徑1.5公分挖球器1個

製作步驟

熱帶水果淋醬

吉利丁泡水直到膨脹。取一半果泥加熱，拌入糖和吸飽水分的吉利丁，接著淋在其餘果泥上，倒入Silikomart®陀飛輪二連模的其中一格。冷凍3小時。

香脆沙布雷

烤箱預熱至160°C。依照178頁的指示，製作沙布雷麵糰。擀至0.5公分厚，切出直徑8公分的圓片，夾在兩片烤墊中烘烤16分鐘，使沙布雷充分上色後，靜置備用。

沙布雷餅乾底

壓碎沙布雷，加入青檸檬皮絲。混合融化奶油和可可脂。淋入沙布雷碎屑，壓入直徑18公分塔圈中。冷藏至少1小時。

香草柔滑乳餡

吉利丁泡水直到膨脹。小心混合回溫的馬斯卡彭乳酪、奶油乳酪與刮出的香草籽，但不可過度攪拌。鍋中放入第一份水和細白砂糖加熱至85°C，製作波美度30°的糖漿。桌上型攪拌器裝上打蛋器，打發蛋黃，一邊倒入糖漿。繼續攪打至冷卻，然後與馬斯卡彭乳酪和奶油乳酪混合。以電動打蛋器打發液態鮮奶油，倒進乳酪糊混合均勻。另取一個鍋子，放入第二份糖

和水加熱至121°C。桌上型攪拌器裝打蛋器，在攪拌缸中打發蛋白，接著緩緩倒入糖漿，留在攪拌器中降溫，再加入融化的吉利丁。以刮刀將打發蛋白拌入蛋乳糊。倒入直徑17公分的圈模抹平。冷凍1小時30分鐘。

組合和裝飾

柔滑乳餡脫模，放在沙布雷餅乾底上。陀飛輪脫模，放在乳餡中央。芒果帶皮切出小細條，並用挖球器將芒果和紅龍果肉挖成小球。果肉球交錯擺在陀飛輪周圍，放上芒果條。乳餡底部以椰子粉裝飾。

Cheesecake

乳酪蛋糕

Charlotte aux framboises

覆盆子夏洛特

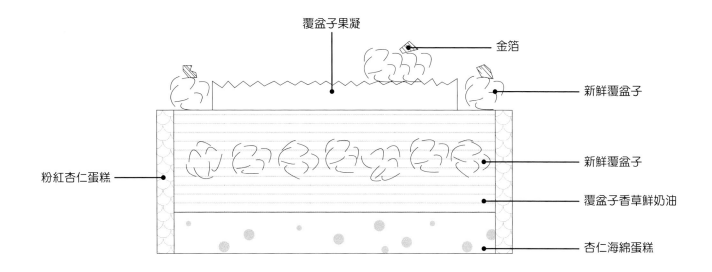

覆盆子果凝

金箔

新鮮覆盆子

新鮮覆盆子

覆盆子香草鮮奶油

杏仁海綿蛋糕

粉紅杏仁蛋糕

材料

分量／慕斯蛋糕1個　　準備時間／50分鐘　　烹調時間／40分鐘　　冷藏時間／2小時　　冷凍時間／3小時

覆盆子果凝
GELÉE DE FRAMBOISES

魚膠吉利丁粉2公克
礦泉水14公克
覆盆子果肉120公克
新鮮黃檸檬汁2公克
細白砂糖10公克

粉紅杏仁蛋糕
BISCUIT JOCONDE ROSE

全蛋75公克
杏仁糖粉（等量糖粉與杏仁粉混合）
　　125公克
T55麵粉17公克
天然紅色色素1公克
蛋白60公克
細白砂糖8公克
融化奶油15公克

杏仁海綿蛋糕
GÉNOISE AMANDE

生杏仁膏27公克
細白砂糖34公克
全蛋80公克
T55麵粉47公克
融化奶油20公克

香草櫻桃白蘭地浸漬液
IMBIBAGE VANILLE KIRSCH

礦泉水70公克
細白砂糖45公克
香草莢1/2條，刮出香草籽
櫻桃白蘭地20公克

覆盆子香草鮮奶油
CRÈME SUPRÊME VANILLE

魚膠吉利丁粉4公克
礦泉水28公克
全脂鮮乳45公克
液態鮮奶油45公克

香草莢1條
蛋黃40公克
細白砂糖30公克
液態鮮奶油230公克
新鮮覆盆子30顆（約90公克）

裝飾

新鮮覆盆子30顆
金箔

工具

40×30公分烤盤1個
直徑18公分圈模1個
直徑16公分、高4公分圈模1個
直徑14公分Silikomart®陀飛輪二連模1個
擠花袋
Rhodoïd®5公分寬塑膠圍邊

製作步驟

覆盆子果凝

吉利丁泡水直到膨脹。混合覆盆子果肉和檸檬汁，取出1/4備用。其餘的果泥與細白砂糖加熱，再加入吸飽水分的吉利丁，淋入預留的果泥。倒入Silikomart®陀飛輪二連模的其中一格，冷凍3小時。

粉紅杏仁蛋糕

烤箱預熱至175°C。桌上型攪拌器裝上葉片形攪拌棒，攪拌缸中放入蛋液、杏仁糖粉、麵粉攪拌，然後加入稀釋的紅色色素。以打蛋器打發蛋白，加入細白砂糖打發至光滑緊實，再倒入麵糊中。加入融化奶油拌勻，倒入鋪烤墊的烤盤。烘烤約12分鐘，出爐後靜置冷卻，切成5公分寬的長條狀。

杏仁海綿蛋糕

烤箱預熱至175°C。桌上型攪拌器裝打蛋器，杏仁膏和細白砂糖攪打至柔軟。逐次加入全蛋蛋液，將整體打發至輕盈濃郁。以刮刀輕輕拌入已過篩的麵粉，取出部分麵糊，加入融化奶油稀釋，然後倒回麵糊輕輕拌勻。倒入直徑16公分圈模，烘烤約20分鐘。用刀子確認熟度。若拉回刀子時不沾黏，代表已經烘烤完成。靜置冷卻，然後以鋸齒刀剖除蛋糕表面。

香草櫻桃白蘭地浸漬液

鍋中放入水、細白砂糖和香草籽加熱。加入櫻桃白蘭地。

覆盆子香草鮮奶油

吉利丁泡水直到膨脹。鍋中放入鮮乳、第一份液態鮮奶油和香草籽加熱。蛋黃和糖打發至顏色變淺，再加入奶醬中，加熱至83°C，加入吸飽水分的吉利丁，靜置降溫至30°C。同時間以電動打蛋器打發鮮奶油，然後將之拌入蛋奶糊。

組合和裝飾

直徑18公分圈模內鋪Rhodoïd®塑膠圍邊，圈內放圍上杏仁蛋糕（A）。接著放入杏仁海綿蛋糕，刷上櫻桃白蘭地糖漿，讓糖漿充分浸漬海綿蛋糕（B）。圈模填入香草奶油至一半高度，放入90公克覆盆子，填入奶油至距離杏仁蛋糕邊緣1公分高（C）。冷藏2小時。覆盆子果凝脫模，放在夏洛特中央（D）。周圍擺上其餘的覆盆子，並以金箔點綴。

直徑18公分圈模內鋪Rhodoïd®，圈內圍上杏仁蛋糕。

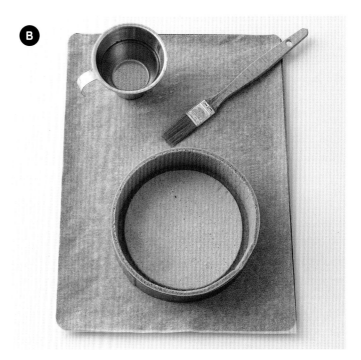

放入杏仁海綿蛋糕圓片，充分浸漬櫻桃白蘭地糖漿。

圈模填入香草奶油至一半高度，放入90公克覆盆子，再填入奶油至距離杏仁蛋糕邊緣1公分的高度。

覆盆子果凝脫模，放在夏洛特中央。周圍擺上其餘的覆盆子。

材料

分量 / 慕斯蛋糕1個　　準備時間 / 2小時　　烹調時間 / 40分鐘　　冷藏時間 / 12小時＋1小時　　冷凍時間 / 7小時

乳香打發甘納許（前一日製作）
GANACHE MONTÉE LACTÉE

全脂鮮乳60公克
細白砂糖15公克
榛果醬16公克
法芙娜®白希比（Bahibé）
　46%調溫牛奶巧克力62公克
液態鮮奶油125公克

香脆沙布雷
SABLÉ CROUSTILLANT

膏狀半鹽奶油61公克
杏仁糖粉（等量糖粉與杏仁粉混合）
　35公克
全蛋8公克
T55麵粉58公克
泡打粉2公克

榛果托卡多雷蛋糕
BISCUIT TROCADÉRO NOISETTE

奶油95公克
百花蜜12公克
杏仁粉66公克
榛果粉47公克
糖粉76公克
玉米澱粉15公克
蛋白60公克
蛋白60公克
細白砂糖40公克

芒果柚子糖煮果泥
COMPOTÉE DE MANGUE ET YUZU

細白砂糖50公克
NH325果膠4.5公克
芒果果肉200公克
柚子汁40公克

乳香榛果凝乳
CRÉMEUX LACTÉ NOISETTE

魚膠吉利丁粉1公克
礦泉水7公克
液態鮮奶油110公克
蛋黃15公克
法芙娜®塔納瑞瓦（Tanariva）
　33%調溫牛奶巧克力50公克
法芙娜®孟加里（Manjari）
　64%調溫黑巧克力10公克
榛果醬7公克

牛奶巧克力慕斯
MOUSSE CHOCOLAT AU LAIT

魚膠吉利丁粉1公克
礦泉水7公克
鮮乳70公克
蛋黃15公克
細白砂糖18公克
法芙娜®吉瓦拉（Jivara）
　40%調溫牛奶巧克力55公克
法芙娜®瓜納拉（Guanaja）
　70%調溫黑巧克力10公克
液態鮮奶油85公克

香草鮮奶油
CRÈME VANILLE

魚膠吉利丁粉1公克
礦泉水7公克
液態鮮奶油40公克
香草莢1/2條
蛋黃10公克
細白砂糖10公克
液態鮮奶油140公克

噴槍用黑巧克力醬汁
SAUCE PISTOLET CHOCOLAT NOIR

法芙娜®孟加里（Manjari）64%調溫
　黑巧克力60公克
可可脂40公克

裝飾

牛奶巧克力圓片（見186頁）
新鮮芒果丁
加入芒果色素的香草果膠250公克
直徑10公分牛奶巧克力圓片1個

工具

40×30公分烤盤1個
直徑19公分塔圈1個
直徑16公分慕斯圈1個
直徑18公分Silikomart®Game模具1片
擠花袋
no.104裝飾用擠花嘴1個
噴槍1個
電動陶藝轉台1個

Mangue yuzu

芒果柚子

製作步驟

乳香打發甘納許（前一日製作）

鍋中放入鮮乳、糖和榛果醬加熱，然後倒入裝有巧克力的容器中。以手持攪拌棒攪打，再加入冰涼的鮮奶油拌勻。冷藏12小時。

香脆沙布雷

烤箱預熱至160°C。依照178頁的指示，製作沙布雷麵糰。擀至0.5公分厚，以塔圈切出直徑19公分的圓片，夾在兩片烤墊中烘烤14分鐘。靜置備用。

榛果托卡多雷蛋糕

先製作焦化奶油，將奶油加熱至呈金褐色，再過濾倒入蜂蜜，備用。烤箱預熱至165°C。依照179頁的指示製作托卡多雷蛋糕，但不放香草，以混入蜂蜜的焦化奶油取代融化奶油。麵糊倒入鋪烤墊的烤盤，烘烤約12分鐘。出爐時以直徑16公分圈模切出圓片。

芒果柚子糖煮果泥

混合糖和果膠。加熱芒果果肉和柚子汁，然後加入糖，煮至沸騰後倒入調理盆。接著蓋上保鮮膜，放入冰箱冷卻1小時。以手持攪拌棒攪打，取一半的果泥裝入擠花袋，擠在放入圈模的托卡多雷蛋糕上（A）。

乳香榛果凝乳

吉利丁泡水直到膨脹。鍋中放入鮮奶油加熱，放入蛋黃加熱至83°C。淋在吸飽水分的吉利丁、巧克力及榛果醬上。以手持攪拌棒攪打，靜置降溫至40°C。接著倒在塗滿果泥的托卡多雷蛋糕上（B）。冷凍3小時。

牛奶巧克力慕斯

吉利丁泡水直到膨脹。蛋黃和糖一起打發至顏色變淺，與鮮乳一起放入鍋中加熱至83°C。加入吸飽水分的吉利丁，然後倒入裝有巧克力的容器中，以手持攪拌棒攪打，靜置降溫至29°C。同時以電動打蛋器打發鮮奶油，將之拌入巧克力糊。慕斯糊倒入Silikomart®Game模具下半部，中央擺上榛果凝乳（C）。冷凍4小時。

香草鮮奶油

吉利丁泡水直到膨脹。鍋中放入鮮奶油和香草莢加熱，然後倒入事先與糖一起打發的蛋黃，加熱至83°C。再加入吸飽水分的吉利丁，靜置降溫至25°C。同時以電動打蛋器打發鮮奶油，接著將之拌入蛋奶糊。香草鮮奶油糊倒入Silikomart®Game模具上半部至一半高。填入其餘的芒果柚子果泥（D）。填入剩下的香草鮮奶油糊至與模具高度等高，表面抹平（E）。冷凍4小時。

組合和裝飾

製作噴槍用醬汁：所有材料加熱融化至40°C。Silikomart®Game模具下半部脫模，噴滿黑巧克力絲絨，移至香脆沙布雷上方。Game模具上半部脫模，淋滿黃色果膠（F）。環狀部分套在慕斯上方。以電動打蛋器打發乳香甘納許，填入裝有no.104擠花嘴的擠花袋。直徑10公分的牛奶巧克力片放上蛋糕轉台，表面擠上陀飛輪擠花（見184頁，基礎）。陀飛輪放在覆滿淋面的環狀中央，以巧克力圓片、芒果丁和芒果黃果膠水珠裝飾。

A

一半的果泥裝入擠花袋，擠在放入圈模的托卡多雷蛋糕上。

B

乳香榛果凝乳倒在塗滿果泥的托卡多雷蛋糕上。

C

慕斯糊倒入Silikomart® Game模具下半部，中央擺上榛果凝乳。

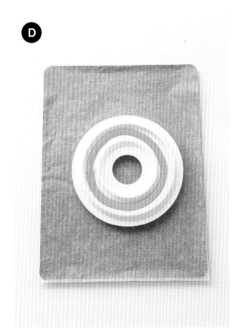

D

香草鮮奶油糊倒入Silikomart® Game模具上半部至一半高。填入其餘的芒果柚子果泥。

E

填入剩下的香草鮮奶油糊至與模具等高，表面抹平。

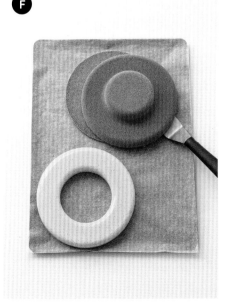

F

下半部慕斯噴滿黑巧克力絲絨。上半部脫模淋滿黃色淋面。

Pétale cerise cranberries

花瓣櫻桃小紅莓

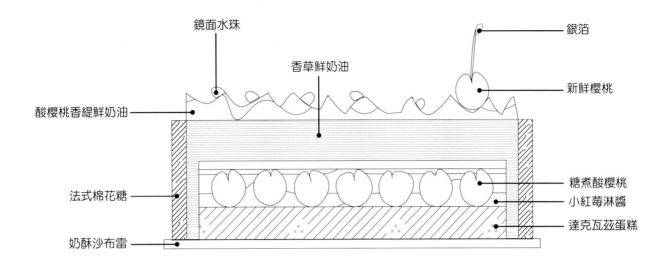

上方標示：鏡面水珠　香草鮮奶油　銀箔　新鮮櫻桃

左側標示：酸櫻桃香緹鮮奶油　法式棉花糖　奶酥沙布雷

右側標示：糖煮酸櫻桃　小紅莓淋醬　達克瓦茲蛋糕

材料

分量 / 慕斯蛋糕1個　準備時間 / 1小時30分鐘　烹調時間 / 40分鐘　冷藏時間 / 1小時
冷凍時間 / 6小時30分鐘　靜置 / 1小時

杏仁奶酥沙布雷
SABLÉ STREUSEL AUX AMANDES

膏狀奶油50公克
黃砂糖（sucre cassonade）
　50公克
精鹽1公克
全蛋20公克
白杏仁粉65公克
T55麵粉50公克
泡打粉0.5公克
肉桂粉2公克

達克瓦茲蛋糕
BISCUIT DACQUOIS

蛋白37公克
細白砂糖5公克
杏仁糖粉（等量糖粉與杏仁粉
　混合）60公克

糖煮酸櫻桃
GRIOTTES POCHÉES

礦泉水70公克

細白砂糖50公克
柳橙1/2顆，皮刨細絲
去核酸櫻桃75公克

櫻桃小紅莓淋醬
COULIS CRANBERRY CERISE

魚膠吉利丁粉2公克
礦泉水14公克
小紅莓果肉60公克
酸櫻桃果肉30公克
細白砂糖10公克

香草鮮奶油
CRÈME VANILLE

魚膠吉利丁粉5公克
礦泉水35公克
液態鮮奶油100公克
香草莢1條
蛋黃32公克
細白砂糖22公克
液態鮮奶油300公克

法式棉花糖
GUIMAUVE

魚膠吉利丁粉7公克
礦泉水49公克
蛋白50公克
細白砂糖100公克
葡萄糖漿25公克
礦泉水20公克
天然粉紅色素適量
防潮糖粉適量

酸櫻桃香緹鮮奶油
CHANTILLY GRIOTTE

魚膠吉利丁粉2公克
礦泉水14公克
打發用鮮奶油150公克
糖粉6公克
酸櫻桃果肉25公克
櫻桃白蘭地1公克

噴槍用桃紅醬汁
SAUCE PISTOLET FUCHSIA

法芙娜®歐帕莉絲（Opalys）
　調白溫巧克力50公克
可可脂50公克
覆盆子紅可可脂10公克
藍莓藍可可脂1公克

裝飾

新鮮櫻桃1顆
銀箔
無味果膠

工具

直徑17公分圈模1個
直徑14公分慕斯圈1個
直徑16公分矽膠圓模1個
電動陶藝轉台1個
擠花袋
直徑1公分圓形擠花嘴1個
no.104裝飾用擠花嘴1個
厚0.5公分直尺2把

製作步驟

杏仁奶酥沙布雷

桌上型攪拌器裝上葉片形攪拌棒，混合膏狀奶油和黃砂糖。加入鹽、蛋液、杏仁粉、事先過篩的泡打粉、肉桂粉和麵粉。以保鮮膜包起，冷藏靜置至少1小時。烤箱預熱至165°C。麵糰擀至0.3公分厚，切出直徑17公分的圓片，放在鋪了烤墊的烤盤上，烘烤約12分鐘。

達克瓦茲蛋糕

烤箱預熱至175°C。桌上型攪拌器裝上打蛋器，打發蛋白，再加入細白砂糖打發至光滑緊實。加入過篩的杏仁糖粉，以刮刀輕輕拌勻。填入裝了直徑1公分圓形擠花嘴的擠花袋，擠入直徑14公分的慕斯圈。烘烤約15分鐘。留在圈模中靜置冷卻。

糖煮酸櫻桃

鍋中放水、糖和柳橙皮絲加熱。再放入酸櫻桃浸泡。一小時後取出瀝乾。

櫻桃小紅莓淋醬

吉利丁泡水直到膨脹。混合果肉。鍋中放入一部分果肉加熱，再加入糖。然後淋在吸飽水分的吉利丁上，倒入其餘果肉混合均勻。以手持攪拌棒攪打，一邊使其冷卻。倒在達克瓦茲蛋糕上，加入糖煮酸櫻桃（A）。冷凍2小時。

香草鮮奶油

吉利丁泡水直到膨脹。鍋中放入鮮奶油和香草莢加熱。蛋黃和糖打發至顏色變淺，鮮奶油過篩倒入打發蛋黃。蛋奶糊倒回鍋中加熱至83°C。加入吸飽水分的吉利丁，靜置降溫至25°C。以電動打蛋器打發鮮奶油，將之拌入蛋奶糊。整體倒入16公分矽膠模。放上填滿淋醬的蛋糕，冷凍4小時。

法式棉花糖

吉利丁泡水直到膨脹。桌上型攪拌器裝打蛋器，打發蛋白。糖、水和葡萄糖漿放入鍋中加熱至130°C，再加入吸飽水分的吉利丁。糖漿倒入蛋白，加入粉紅色素，一邊不停打發，直到棉花糖降溫至40°C。倒在略為抹油的矽膠墊上攤平，兩邊各放一把厚0.5公分的尺固定棉花糖形狀（B）。撒上防潮糖粉，靜置冷卻。

酸櫻桃香緹鮮奶油

吉利丁泡水直到膨脹。桌上型攪拌器裝打蛋器，打發鮮奶油，加入糖粉打發至質地紮實。鍋中放入酸櫻桃果肉、櫻桃白蘭地和吸飽水分的吉利丁加熱。倒入香緹鮮奶油中混合均勻，靜置冷卻。

組合和裝飾

慕斯移去圈模，放上電動轉台。香緹鮮奶油填入裝有no.104擠花嘴的擠花袋，在慕斯蛋糕表面擠出陀飛輪擠花（見184頁，基礎）（C）。整體冷凍30分鐘。噴槍用醬汁的材料全部加熱至40°C，噴滿陀飛輪，然後慕斯蛋糕放在沙布雷中央。棉花糖切出寬5公分的長條，圍住慕斯蛋糕。以新鮮櫻桃、銀箔和鏡面水珠裝飾（D）。

小紅莓淋醬倒在達克瓦茲蛋糕上，加入糖煮酸櫻桃。

棉花糖倒在略為抹油的矽膠墊上攤平，兩邊各放一把厚0.5公分的尺固定棉花糖形狀。

慕斯移去圈模，放上電動轉台。香緹鮮奶油填入裝有no.104擠花嘴的擠花袋，在慕斯蛋糕表面擠出陀飛輪擠花。

棉花糖切出寬5公分的長條，圍住慕斯蛋糕。以新鮮櫻桃、銀箔和鏡面水珠裝飾。

Galette amande orange confite

杏仁糖漬柳橙國王派

材料

分量 / 國王派1個　　準備時間 / 1小時30分鐘　　烹調時間 / 40分鐘　　冷藏時間 / 2小時　　靜置 / 3小時

反轉千層麵糰
PÂTE FEUILLETÉE INVERSÉE

油麵糰：
　奶油450公克
　T55麵粉180公克

水麵糰：
　T55麵粉420公克
　鹽16公克
　礦泉水170公克
　白醋4公克
　軟化奶油135公克

杏仁奶油
CRÈME AMANDE

膏狀奶油75公克
糖粉80公克
杏仁粉80公克
全蛋50公克
馬鈴薯澱粉6公克
柑曼怡白蘭地（Grand Marnier®）
　15公克
糖漬柳橙25公克

上色用蛋液
DORURE

全蛋50公克
蛋黃25公克
鮮乳5公克

工具

直徑20公分塔圈1個
直徑19公分塔圈1個
擠花袋1個
電動陶藝轉台1個

製作步驟

反轉千層麵糰

依照180頁的指示，製作反轉千層麵糰。油麵糰擀至35×35公分，水麵糰擀至20×20公分，冷藏。麵團擀至0.25公分厚，切出兩片直徑20公分的圓片。冷藏1小時。

杏仁奶油

桌上型攪拌器裝上葉片形攪拌棒，混合膏狀奶油和糖粉。加入杏仁粉和全蛋混合均勻，加入澱粉，再以柑曼怡白蘭地增添香氣。

組合和裝飾

烤箱預熱至185°C。其中一片千層派皮中央擠入直徑16公分左右的杏仁奶油，擺上糖漬柳橙丁，派皮周圍用刷子刷水，疊上第二片派皮。壓緊兩片千層派皮邊緣，然後以19公分塔圈重新切除派皮邊緣。混合所有上色用蛋液材料，用刷子刷滿派皮表面，靜置30分鐘後再刷一次蛋液。烤箱預熱至185°C。國王派放上電動轉台，以刀子劃出陀飛輪紋路，烘烤20分鐘，然後烤箱降溫至170°C，續烤約20分鐘。

Baba au rhum

蘭姆巴巴

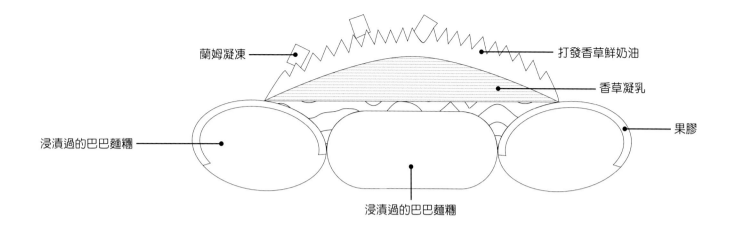

蘭姆凝凍

打發香草鮮奶油

香草凝乳

浸漬過的巴巴麵糰

果膠

浸漬過的巴巴麵糰

材料

分量 / 慕斯蛋糕1個　　準備時間 / 1小時　　靜置 / 2小時5分鐘　　烹調時間 / 40分鐘　　冷藏時間 / 4小時　　冷凍時間 / 3小時15分鐘

打發香草鮮奶油（前一日製作）
CRÈME VANILLE MONTÉE

魚膠吉利丁粉2公克
礦泉水14公克
鮮乳20公克
香草莢1/2條
細白砂糖20公克
馬斯卡彭乳酪35公克
液態鮮奶油160公克

巴巴麵糰
PÂTE À BABA

新鮮酵母8公克
全脂鮮乳70公克
T55麵粉150公克
精鹽7公克
細白砂糖10公克
全蛋110公克
膏狀奶油40公克

蘭姆酒浸漬液
IMBIBAGE AU RHUM

細白砂糖187公克
礦泉水250公克
陳年褐色蘭姆酒60公克

香草凝乳
CRÉMEUX VANILLE

魚膠吉利丁粉3公克
礦泉水21公克
全脂鮮乳150公克
液態鮮奶油150公克
馬達加斯加香草莢1條
法芙娜®歐帕莉絲（Opalys）33%調溫
　　白巧克力公克187公克

果膠
NAPPAGE NEUTRE

金黃果膠150公克
水25公克

蘭姆酒凝凍
GELÉE DE RHUM

陳年褐色蘭姆酒10公克
細白砂糖10公克
洋菜粉（agar-agar）2公克

裝飾

香草粉

工具

直徑20公分Sliikomart®savarin矽膠模1個
直徑8公分Silikomart®Stone模1個
直徑12公分頂部略微隆起的圓模1個
擠花袋
no.104裝飾用擠花嘴1個
電動陶藝轉台1個
方形模1個

製作步驟

打發香草甘納許 <small>（前一日製作）</small>

吉利丁泡水直到膨脹。牛奶、鮮奶油、香草莢和刮出的香草籽放入鍋中加熱。離火後，加蓋浸泡5分鐘。再加入細白砂糖，靜置降溫。加入吸飽水分的吉利丁，放回火上加熱至微沸。將馬斯卡彭乳酪倒入浸泡過的鮮乳，然後加入冰涼鮮奶油。冷藏靜置至少4小時。

巴巴麵糰

烤箱預熱至185°C。以冰涼鮮乳稀釋新鮮酵母。麵粉、鹽和細白砂糖倒入食物調理機，分兩次加入蛋，攪打20秒。加入稀釋的酵母，攪打至麵糰光滑均勻。接著加入膏狀奶油，繼續攪拌。麵糰放入savarin矽膠模和Stone模。待麵糰發酵膨脹至與模具等高後（約2小時），烘烤約25分鐘。烘烤完成後脫模，靜置冷卻。

蘭姆酒浸漬液

大鍋中放入糖和水加熱，然後加入蘭姆酒。保留100公克糖漿製作蘭姆酒凝凍。烤好的兩份巴巴浸入浸漬液，任其充分吸收糖漿，不時翻面（A）。

蘭姆酒凝凍

在預留的糖漿中加入蘭姆酒。另取一個容器，混合糖和洋菜粉。蘭姆酒糖漿加熱，並加入糖和洋菜粉。倒入方形模具，靜置冷藏至適合使用的質地。

香草凝乳

吉利丁泡水直到膨脹。鍋中放入鮮奶油和鮮乳加熱，加入刮出的香草籽。離火後，加蓋浸泡5分鐘。再加入蛋黃，繼續加熱至83°C。蛋奶液過濾，倒入裝有吸飽水分的吉利丁和調溫白巧克力的容器中，攪打混合均勻。香草凝乳填入頂部略微隆起的模具，冷凍至少3小時。其餘凝乳冷藏備用。

組合和裝飾

香草凝乳脫模，放在烤盤紙上，然後移到電動轉台。以電動打蛋器打發香草鮮奶油，接著在凝乳表面擠出陀飛輪擠花（見184頁，基礎）。冷凍15分鐘。以廚房用刷子沾果膠刷滿巴巴表面（B）。瓶塞狀巴巴切去凸起的表面，放入環狀巴巴中央。用抹刀將剩下的凝乳填入環狀巴巴中央，抹平表面（C）。香草粉撒在一半的陀飛輪表面（D）。移除陀飛輪底部的烤盤紙，放在巴巴上方。再以蘭姆酒凝凍裝飾。

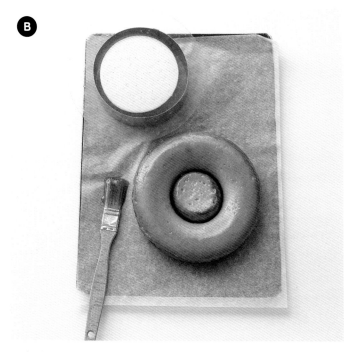

大鍋中放入糖和水加熱，然後加入蘭姆酒。保留 100 公克糖漿製作蘭姆酒凝凍。烤好的兩份巴巴浸入浸漬液。任其充分吸收糖漿，不時翻面。

以廚房用刷子沾果膠刷滿環狀巴巴表面。

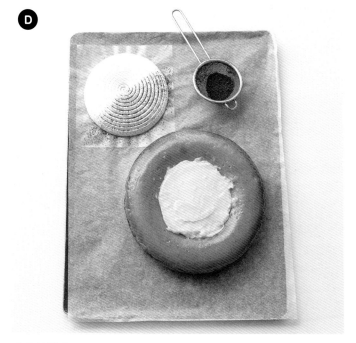

以抹刀抹平倒入的凝乳。

香草粉撒在一半的陀飛輪表面，移除陀飛輪底部的烤盤紙，放在巴巴上方。

材料

分量 / 大型塔1個　準備時間 / 2小時　烹調時間 / 1小時45分鐘　冷藏時間 / 4小時　冷凍時間 / 30分鐘

香脆蛋白霜
MERINGUES CROQUANTES

蛋白30公克
細白砂糖30公克
糖粉30公克

打發香草鮮奶油
CRÈME VANILLE MONTÉE

魚膠吉利丁粉2公克
礦泉水14公克
鮮乳20公克
香草莢1/2條
細白砂糖20公克
馬斯卡彭乳酪35公克
液態鮮奶油160公克

檸檬甜塔皮
PÂTE SUCRÉE CITRON

奶油90公克
T55麵粉140公克
細白砂糖27公克
有機黃檸檬1/2顆，皮刨細絲
精鹽0.5公克
杏仁糖粉（等量糖粉與杏仁粉
　混合）50公克
全蛋25公克

杏仁奶油
CRÈME D'AMANDE

膏狀奶油30公克
糖粉35公克
生杏仁粉35公克
全蛋30公克
馬鈴薯澱粉5公克

香軟栗子蛋糕
BISCUIT MOELLEUX AUX MARRONS

生杏仁膏58公克
馬鈴薯澱粉5公克
安貝（Imbert®）奧本納斯
　栗子膏（pâte de marron
　d'Aubenas）33公克
蛋黃10公克，
　與杏仁膏和栗子膏混合
蛋白33公克
細白砂糖4公克
奶油6公克

栗子奶油
CRÈME DE MARRONS

安貝（Imbert®）奧本納斯
　栗子膏（pâte de marron
　d'Aubenas）250公克

安貝（Imbert®）奧本納斯
　栗子泥（crème de marrons
　d'Aubenas）275公克
陳年蘭姆酒12公克
液態鮮奶油85公克

裝飾

防潮糖粉適量
糖漬栗子塊適量
金箔

工具

擠花袋
直徑1公分圓形擠花嘴1個
直徑19公分Silikomart®
　tarte Ring塔模1個
直徑16公分塔圈1個
no.106裝飾用擠花嘴1個
電動陶藝轉台1個

製作步驟

香脆蛋白霜

烤箱預熱至100°C。以電動打蛋器打發蛋白，然後加入細白砂糖打發至光滑緊實。加入已過篩的糖粉，用刮刀輕輕拌勻。接著填入裝有直徑1公分擠花嘴的擠花袋，擠成水滴狀。烘烤1小時，再將蛋白霜放入密封容器備用。

打發香草鮮奶油

吉利丁泡水直到膨脹。鍋中放入鮮乳和香草加熱，離火後，加蓋浸泡5分鐘。加入糖，靜置降溫。加入吸飽水分的吉利丁，加熱至微沸。過濾倒入馬斯卡彭乳酪中，然後加入冰涼的鮮奶油。全體倒入調理盆，冷藏至少4小時。

檸檬甜塔皮

烤箱預熱至175°C。依照176頁的方法製作甜塔皮麵糰。擀至0.3公分厚，鋪入tarte Ring塔圈。冷藏備用。

杏仁奶油

烤箱預熱至165°C。桌上型攪拌器裝上葉片形攪拌棒，混合膏狀奶油和糖粉。加入杏仁粉和全蛋，接著倒入澱粉。填入塔皮，放在鋪烤墊的有孔烤盤上，烘烤約25分鐘。靜置備用。

栗子奶油

混合栗子膏、栗子泥和蘭姆酒，再加入液態鮮奶油，稍微混合拌勻即可。倒進烤好的塔皮中，將表面抹平。其餘的栗子奶油容器表面包上保鮮膜，放置常溫備用。

香軟栗子蛋糕

食物調理機裝上刀片，混合杏仁膏、栗子膏和10公克蛋黃。接著加入澱粉，繼續攪拌。打發另一份蛋白，加入糖打發至光滑緊實，接著拌入杏仁栗子蛋泥。奶油加熱至溫熱，拌入全體。擠入直徑16公分圈模，烘烤12分鐘，塗滿一層栗子奶油，放入塔中央。

組合和裝飾

打發香草鮮奶油直到質地綿滑，塗滿在香軟蛋糕表面，以抹刀將表面整理至略微隆起。冷凍30分鐘後，取出塔，置於電動轉台上。將剩餘的栗子奶油以no.106擠花嘴在表面擠出陀飛輪擠花（見184頁），覆蓋住香草鮮奶油。撒上防潮糖粉，陀飛輪周圍擺滿香脆蛋白霜。表面以糖漬栗子塊和金箔裝飾。

Mont-blanc

蒙布朗

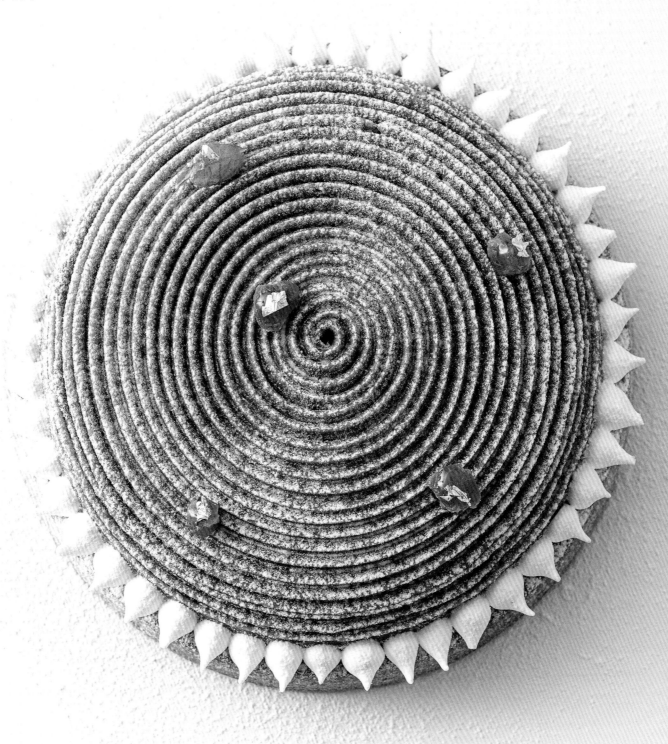

Sur un air d'opéra

變奏歐培拉

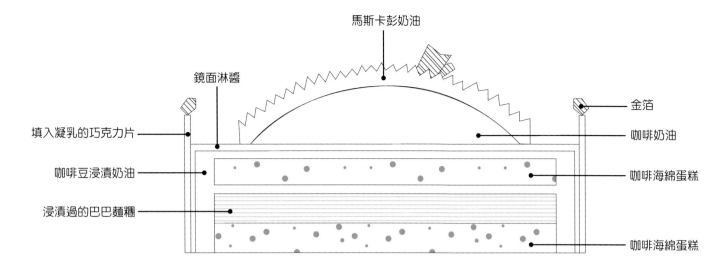

馬斯卡彭奶油

鏡面淋醬

填入凝乳的巧克力片

咖啡豆浸漬奶油

浸漬過的巴巴麵糰

金箔

咖啡奶油

咖啡海綿蛋糕

咖啡海綿蛋糕

材料

分量 / 慕斯蛋糕1個　　準備時間 / 2小時　　烹調時間 / 45分鐘　　冷藏時間 / 12小時＋4小時　　冷凍時間 / 6小時

巧克力鏡面淋醬（前一日製作）
GLAÇAGE MIROIR CHOCOLAT

魚膠吉利丁粉9公克
礦泉水63公克
液態鮮奶油100公克
葡萄糖漿60公克
可可粉40公克
礦泉水56公克
細白砂糖140公克

咖啡馬斯卡彭奶油（前一日製作）
CRÈME MASCARPONE CAFÉ

魚膠吉利丁粉1公克
礦泉水7公克
鮮乳17公克
咖啡濃縮液3公克
細白砂糖18公克
馬斯卡彭乳酪35公克
液態鮮奶油150公克

咖啡海綿蛋糕
GÉNOISE CAFÉ

生杏仁膏54公克
細白砂糖67公克
全蛋160公克
咖啡濃縮液10公克
T55麵粉94公克
奶油38公克

咖啡浸漬液
IMBIBAGE CAFÉ

礦泉水75公克
細白砂糖75公克
深焙濃縮咖啡150公克

超濃巧克力凝乳
CRÉMEUX CHOCOLAT INTENSE

魚膠吉利丁粉1公克
礦泉水7公克
蛋黃18公克
細白砂糖7公克
液態鮮奶油125公克
法芙娜®依蘭卡（Illanka）63%調溫
　黑巧克力60公克

咖啡豆浸漬奶油
CRÈME À L'INFUSION DE CAFÉ EN GRAINS

魚膠吉利丁粉4公克
礦泉水28公克
液態鮮奶油140公克
衣索比亞咖啡豆17公克
蛋黃31公克
細白砂糖17公克
液態鮮奶油280公克

裝飾

5×3公分黑巧克力薄片26片

工具

直徑14公分、高5公分慕斯圈1個
直徑16公分矽膠圓模1個
直徑12公分PCB Création®鏡面模底部
擠花袋
no.104裝飾用擠花嘴1個
電動陶藝轉台1個

製作步驟

巧克力鏡面淋醬 （前一日製作）

吉利丁泡水直到膨脹。鮮奶油和葡萄糖漿加熱但不煮到沸騰，加入可可粉拌勻，離火備用。水和糖加熱至110°C，倒入可可鮮奶油和吸飽水分的吉利丁，輕輕混合均勻，放入冰箱冷藏12小時。

咖啡馬斯卡彭奶油 （前一日製作）

吉利丁泡水直到膨脹。鮮乳和咖啡濃縮液放入鍋中加熱，離火後浸泡5分鐘。加入糖，靜置降溫。在倒入裝有馬斯卡彭乳酪的容器中，以手持攪拌棒攪打。加入冰涼的鮮奶油，再度攪勻。冷藏12小時。

咖啡海綿蛋糕

烤箱預熱至175°C。桌上型攪拌器裝上打蛋器，攪拌生杏仁膏和細白砂糖至柔軟。逐次加入蛋液，整體打發至輕盈濃郁。接著倒入咖啡濃縮液（A），以刮刀輕輕拌入已過篩的麵粉。取出部分麵糊，加入融化奶油，然後倒回麵糊中稍微拌勻。麵糊倒入慕斯圈模烘烤約35分鐘。以刀尖確認熟度，若拉出刀子時不沾黏，代表已經烤熟。取出冷卻，以鋸齒刀切去表面，使整體厚度為3公分，然後剖成兩個約1.5公分厚的圓片。

咖啡浸漬液

鍋中放水和糖加熱。加入濃縮咖啡，兩片海綿蛋糕放入浸漬。第一片蛋糕放入慕斯圈，另一片備用。

超濃巧克力凝乳

吉利丁泡水直到膨脹。蛋黃和細白砂糖打發至顏色變淺，置於一旁備用。鍋中放入鮮奶油加熱，加入打發蛋黃，加熱至85°C，然後淋在吸飽水分的吉利丁和巧克力上。以手持攪拌棒攪打，將3/4的巧克力糊倒入慕斯圈，淋在海綿蛋糕上（B）。冷凍2小時。其餘的巧克力凝乳冷藏備用。

咖啡豆浸漬奶油

吉利丁泡水直到膨脹。鍋中放入鮮奶油和咖啡豆加熱，以手持攪拌棒攪打。離火後，加蓋浸漬5分鐘。過濾後放回火上加熱。蛋黃和糖打發至顏色變淺，倒入鮮奶油中。加熱至83°C，再加入吸飽水分的吉利丁，以手持攪拌棒攪打，靜置降溫至28°C。以電動打蛋器打發鮮奶油，拌入咖啡奶油中。

組合和裝飾

咖啡豆奶油填入矽膠模，放入第二片浸漬過的海綿蛋糕（C），表面塗滿咖啡奶油。放上巧克力凝乳，使之與模具等高（D）。其餘的咖啡奶油填入直徑12公分模具組底部。兩者皆冷凍4小時。咖啡奶油慕斯脫模，放在底部墊了烤盤的網架上。鏡面淋醬加熱至28°C，淋滿慕斯蛋糕表面（E）。咖啡奶油片脫模，下方墊烤紙，放在電動轉台上。以電動打蛋器打發馬斯卡彭奶油，填入裝有no.104擠花嘴的擠花袋，在咖啡奶油片表面擠出陀飛輪擠花，移除烤紙，擺在覆滿鏡面淋醬的蛋糕上（F）。剩下的巧克力凝乳擠在一半分量的巧克力薄片上，然後疊上另一半的巧克力片，擺放在鏡面蛋糕周圍，以金箔裝飾。

A

倒入咖啡濃縮液。以刮刀拌入麵粉。取
出部分麵糊，加入融化奶油。

B

3/4的巧克力糊倒入慕斯圈，淋在浸漬過
的海綿蛋糕上。

C

咖啡豆奶油填入矽膠模，放入第二片浸
漬過的海綿蛋糕，塗滿咖啡奶油。

D

放上巧克力凝乳，使之與模具等高。

E

鏡面淋醬加熱至28°C，淋滿慕斯蛋糕表
面。

F

馬斯卡彭奶油在表面擠出陀飛輪擠花，然
後擺在覆滿鏡面淋醬的蛋糕上。

Saint-honoré

聖多諾黑

材料

分量 / 蛋糕1個　準備時間 / 1小時　烹調時間 / 50分鐘　冷藏時間 / 12小時＋30分鐘　冷凍時間 / 3小時

打發香草鮮奶油 （前一日製作）
CRÈME VANILLE MONTÉE

魚膠吉利丁粉2公克
礦泉水14公克
鮮乳20公克
香草莢1/2條
細白砂糖20公克
馬斯卡彭乳酪35公克
液態鮮奶油160公克

香草凝乳
CRÉMEUX VANILLE

魚膠吉利丁粉1.5公克
礦泉水10.5公克
全脂鮮乳75公克

液態鮮奶油75公克
馬達加斯加香草莢1/2條
蛋黃20公克
法芙娜® 歐帕莉絲（Opalys）
　33％調溫白巧克力93公克

泡芙麵糊
PÂTE À CHOUX

鮮乳100公克
奶油44公克
精鹽1公克
T55麵粉53公克
全蛋100公克

卡士達醬
CRÈME PÂTISSIÈRE

全脂鮮乳100公克
香草莢1/2條
蛋黃20公克
細白砂糖20公克
蛋奶派粉（poudre à flan）
　10公克
奶油10公克

脆焦糖
CARAMEL CROQUANT

細白砂糖500公克
葡萄糖漿125公克
水125公克

工具

直徑18公分PCB Création®
　Miroir模具1個
直徑16公分帶孔塔圈1個
擠花袋
直徑1.4公分圓形擠花嘴1個
直徑0.8公分圓形擠花嘴1個
40×30公分有孔烤盤2個
填料用擠花嘴1個
no.104裝飾用擠花嘴1個
電動陶藝轉台1個

製作步驟

打發香草鮮奶油 （前一日製作）

吉利丁泡水直到膨脹。鮮乳、香草莢和刮出的香草籽放入鍋中加熱。離火後，加蓋浸泡5分鐘。再加入糖，放回火上加熱，然後放入吸飽水分的吉利丁。煮至微沸後，過濾倒進裝有馬斯卡彭乳酪的容器中。加入冰涼的鮮奶油拌勻，全體倒入調理盆。冷藏12小時。

香草凝乳

吉利丁泡水直到膨脹。鮮奶油和鮮乳放入鍋中加熱，加入刮出的香草籽，離火後，加蓋浸泡5分鐘。放入蛋黃，加熱至83°C。全體過濾淋入吸飽水分的吉利丁和調溫白巧克力，攪打均勻。填滿Miroir模上半部，冷凍至少3小時。

泡芙麵糊

烤箱預熱至165°C。鍋中放入鮮乳、奶油和鹽加熱。微沸時，一口氣倒入已過篩的麵粉快速攪拌，使麵糰糊化收乾。離火，逐次加入蛋液拌勻，為麵糰增添水分。麵糊填入裝有直徑1.4公分圓形擠花嘴的擠花袋。有孔烤盤略微抹油，放在烤墊上，擠入泡芙麵糊。烤盤上墊另一張烤墊，然後疊上第二個有孔烤盤，烘烤約30分鐘。剩下的麵糊以直徑0.8公分圓形擠花嘴擠成0.5公分的小泡芙，烘烤約12分鐘。

卡士達醬

鍋中放入鮮乳、香草莢和刮出的香草籽加熱。同時間，蛋黃和細白砂糖打發至顏色變淺。倒入蛋奶醬派粉。蛋糊倒入熱牛奶中，煮至沸騰。取出香草莢，加入奶油，以手持攪拌棒攪打。冷藏30分鐘。

脆焦糖

混合所有材料，煮至金黃色焦糖狀態（約180°C）。靜置放涼至室溫變硬。

組合和裝飾

攪打卡士達醬使其軟化，然後以圓形擠花嘴擠入泡芙塔。用兩支叉子輔助，將泡芙塔底部和側面沾滿焦糖，放在矽膠烤墊上備用。接著利用牙籤將小泡芙表面沾滿焦糖。香草凝乳脫模，放在焦糖泡芙塔皮中央。以電動打蛋器打發香草奶油，填入裝有no.104擠花嘴的擠花袋。香草凝乳片放上電動轉台，表面擠出香草凝乳陀飛輪擠花（見184頁，基礎）。陀飛輪上放小泡芙和金箔裝飾。

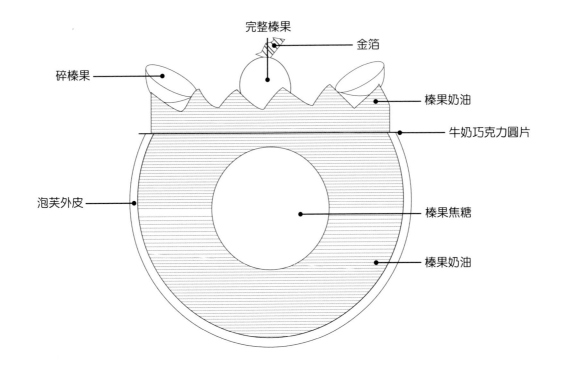

完整榛果

金箔

碎榛果

榛果奶油

牛奶巧克力圓片

泡芙外皮

榛果焦糖

榛果奶油

材料
分量 / 蛋糕1個　　準備時間 / 1小時　　烹調時間 / 30分鐘　　冷藏時間 / 12小時＋2小時45分鐘

牛奶巧克力鏡面淋醬
（前一日製作）
GLAÇAGE CHOCOLAT AU LAIT

魚膠吉利丁粉1公克
礦泉水7公克
礦泉水9公克
細白砂糖19公克
葡萄糖漿12.5公克
無糖煉乳19公克
法芙娜®白希比（Bahibé）
　調溫牛奶巧克力22.5公克

榛果焦糖
CARAMEL NOISETTE

液態鮮奶油180公克
香草莢1/2條
葡萄糖漿20公克
細白砂糖85公克
冰涼奶油35公克
榛果醬40公克

黃砂糖脆皮
PCROUSTILLANT CASSONADE

膏狀奶油50公克
黃砂糖（sucre cassonadw）
　30公克
細白砂糖25公克
麵粉60公克

泡芙麵糊
PÂTE À CHOUX

鮮乳125公克
奶油55公克
精鹽2公克
T55麵粉67公克
全蛋125公克

卡士達醬
CRÈME PÂTISSIÈRE

全脂鮮乳100公克
香草莢1/2條
蛋黃20公克
細白砂糖20公克
蛋奶派粉（poudre à flan）
　10公克
奶油10公克

榛果奶油
CRÈME NOISETTE

卡士達醬360公克
帕林內杏仁榛果醬150公克
榛果醬90公克
奶油180公克

裝飾

直徑6公分牛奶巧克力圓片8片
　（見186頁）
烘烤榛果適量
金箔

工具

擠花袋
直徑1.4公分圓形擠花嘴1個
直徑4公分切模1個
no.104裝飾用擠花嘴1個
填餡用擠花嘴1個
電動陶藝轉台1個

Paris-brest

巴黎布列斯特

製作步驟

牛奶巧克力鏡面淋醬 (前一日製作)

吉利丁泡水直到膨脹。鍋中放入水、細白砂糖和葡萄糖漿加熱至108°C。離火後，加入煉乳，再放回火上煮至沸騰。接著淋入牛奶巧克力和吸飽水分的吉利丁，以手持攪拌棒攪打，冷藏12小時。

榛果焦糖

鍋中放入鮮奶油和刮出的香草籽加熱。另取一個鍋子，放入糖和葡萄糖漿煮至焦糖化，然後以熱鮮奶油稀釋，再加熱至104°C，加入冰涼奶油。以手持攪拌棒攪打，靜置降溫至30°C。加入榛果醬，再度攪打均勻。冷藏1小時。

黃砂糖脆皮

混合膏狀奶油、黃砂糖和細白砂糖，然後拌入麵粉。將麵糊放在兩張烤盤紙之間攤平至極薄。冷藏1小時。

泡芙麵糊

烤箱預熱至165°C。鍋中放入牛乳、奶油和鹽加熱。微沸時，一口氣倒入已過篩的麵粉，快速攪拌，使麵糊收乾糊化。離火，逐次加入蛋液，為麵糊增添水分。麵糊填入裝上1.4公分擠花嘴的擠花袋，擠出8個直徑5公分的泡芙。以直徑4公分的切模切8個黃砂糖脆皮，放在泡芙上。剩下的泡芙麵糊擠成直徑0.5公分的小泡芙。大泡芙烘烤約20分鐘，小泡芙則烘烤12分鐘。

卡士達醬

鍋中放入鮮乳、香草莢和刮出的香草籽加熱。同時，將蛋黃和細白砂糖打發至顏色變淺，接著倒入蛋奶醬派粉。將蛋糊倒入熱牛奶中，煮至沸騰。取出香草莢，加入奶油，以手持攪拌棒攪打。冷藏30分鐘。

榛果奶油

混合卡士達醬、帕林內和榛果醬。加入膏狀奶油，以攪拌器將整體打發至濃郁滑順的奶油狀。

組合和裝飾

牛奶巧克力圓片分別放上電動轉台，榛果奶油填入裝no.104擠花嘴的擠花袋，在上面擠出陀飛輪擠花（見184頁，基礎）（A）。冷藏15分鐘。同時間，大泡芙底部戳洞，用擠花嘴將餡料填入榛果奶油，中心直接以擠花袋不裝擠花嘴填入榛果焦糖（B）。泡芙的香脆面朝下，以剩下的榛果奶油填滿，然後將陀飛輪擺在泡芙上。迷你泡芙沾牛奶巧克力鏡面淋醬（C），用迷你泡芙、烘烤碎榛果和金箔裝飾（D）。

A

牛奶巧克力圓片分別放上電動轉台，榛果奶油填入裝 no.104 擠花嘴的擠花袋，在上面擠出陀飛輪擠花。

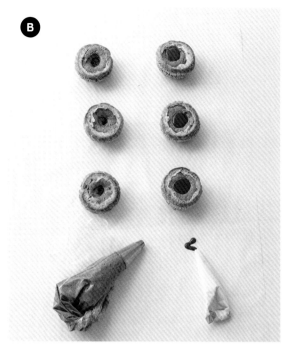

B

用擠花嘴填入榛果奶油，中心直接以擠花袋不裝擠花嘴填入榛果焦糖。

C

迷你泡芙沾牛奶巧克力鏡面淋醬。

D

用迷你泡芙、烘烤碎榛果和金箔裝飾。

Omelette norvégienne

阿拉斯加

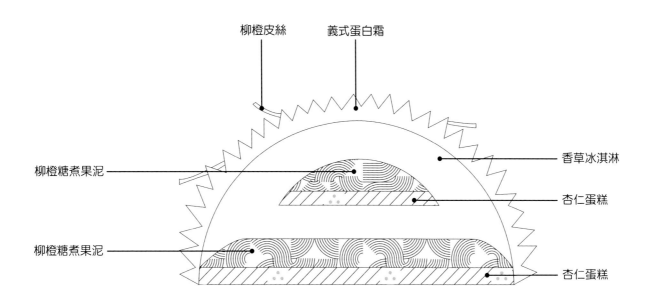

柳橙皮絲　義式蛋白霜

柳橙糖煮果泥

柳橙糖煮果泥

香草冰淇淋

杏仁蛋糕

杏仁蛋糕

材料

分量 / 慕斯蛋糕1個　　準備時間 / 1小時10分鐘　　烹調時間 / 25分鐘　　冷藏時間 / 12小時　　冷凍時間 / 12小時

香草冰淇淋（前兩日製作）
GLACE VANILLE

全脂鮮乳500公克
液態鮮奶油75公克
奶粉35公克
蛋黃110公克
細白砂糖100公克
安定劑3公克
葡萄糖粉30公克
香草莢2條

杏仁蛋糕（前一日製作）
BISCUIT AMANDE

糖粉62公克
杏仁粉62公克
T55麵粉18公克
全蛋83公克
蛋白56公克
細白砂糖8公克
融化奶油15公克

柳橙糖煮果泥（前一日製作）
COMPOTÉE D'ORANGES

新鮮柳橙100公克
礦泉水500公克
柳橙汁50公克
精鹽3公克
細白砂糖15公克
細白砂糖50公克

義式蛋白霜
MERINGUE ITALIENNE

蛋白75公克
細白砂糖150公克
水40公克

裝飾

柳橙皮絲

工具

40×30公分烤盤1個
直徑7公分切模1個
直徑12公分切模1個
直徑14公分半圓矽膠模1個
擠花袋
no.106裝飾用擠花嘴
電動陶藝轉台1個
噴槍1個

製作步驟

香草冰淇淋 （前兩日製作）

混合一半分量的糖和安定劑。鍋中放入鮮乳、刮出的香草籽、奶粉、剩下的糖和葡萄糖粉加熱。40°C時加入蛋黃，攪拌均勻。50°C時加入安定劑和糖，加熱至85°C。放入冰箱冷藏12小時。

杏仁蛋糕 （前一日製作）

烤箱預熱至170°C。桌上型攪拌器裝上葉片形攪拌棒，混合糖粉、杏仁粉和麵粉。接著加入蛋液，繼續攪拌。以電動打蛋器打發蛋白，再加入糖打發至光滑緊實，拌入麵糊中，並小心加入融化奶油。麵糊倒入鋪烤盤紙的烤盤，表面抹平，烘烤10至12分鐘。出爐時以直徑7公分和12公分的切模切出兩個圓片。

柳橙糖煮果泥 （前一日製作）

柳橙切塊，放入鍋中，加入冷水蓋過柳橙。加熱煮沸後關火。瀝乾後，以冷水沖洗柳橙，再加入鹽。重複此步驟，柳橙放入鍋中，加入冷水蓋過柳橙，倒入柳橙汁，加入15公克的糖，加熱至微沸，以此狀態煮至果皮變得柔軟。取出瀝乾沖冷水，停止加熱。放入裝刀片的食物調理機，加入50公克的糖，攪打至質地細緻。將果泥抹滿兩片杏仁蛋糕圓片（A）。置於一旁備用。

義式蛋白霜

混合水和細白砂糖。桌上型攪拌器裝上打蛋器，打發蛋白。糖水放入鍋中加熱至121°C，然後倒入蛋白中。留置攪拌缸中冷卻，再將蛋白霜填入裝有no.106擠花嘴的擠花袋。

組合和裝飾 （前一日與當天製作）

前一天將香草奶油放入冰淇淋機攪拌，然後填入半圓模（B）。放入第一片直徑7公分塗滿糖煮果泥的蛋糕片（C），再填入香草冰淇淋，最後放上與模具等高的直徑12公分蛋糕片（D）。冷凍12小時。食用當天，冰淇淋脫模，放上電動轉台，表面擠滿陀飛輪擠花（見184頁，基礎）。用噴槍將蛋白霜表面炙燒至焦糖化（E），並以橙皮絲裝飾（F）。

糖煮果泥塗滿兩片杏仁蛋糕圓片。

香草冰淇淋填入半圓模。

放入第一片直徑7公分塗滿糖煮果泥的蛋糕片。

填入香草冰淇淋，最後放上與模具等高的直徑12公分蛋糕片。

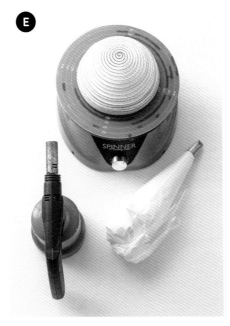

冰淇淋脫模，放上電動轉台，表面擠滿陀飛輪擠花。用噴槍將蛋白霜表面炙燒至焦糖化。

以橙皮絲裝飾。

材料

分量 / 冰棒12支　　準備時間 / 2小時　　烹調時間 / 35分鐘　　冷藏時間 / 24小時＋2小時　　冷凍 / 12小時

榛果冰淇淋 (前兩日製作)
CRÈME GLACÉE NOISETTE

全脂鮮乳 518公克
全脂液態鮮奶油 126公克
榛果帕林內 138公克
脫脂奶粉 21公克
細白砂糖 52公克
轉化糖漿 36公克
蛋黃 12公克
安定劑 2.5公克（刺槐粉或刺槐豆膠）

香軟榛果蛋糕 (前一日製作)
BISCUIT MOELLEUX AUX NOISETTES

烘烤榛果 110公克
糖粉 140公克
杏仁粉 85公克
馬鈴薯澱粉 25公克
蛋黃 20公克
蜂蜜 25公克
蛋白 100公克
細白砂糖 70公克
蛋白 100公克
榛果奶油 135公克

榛果焦糖 (前一日製作)
CARAMEL NOISETTE

液態鮮奶油 180公克
香草莢 1/2 條
葡萄糖漿 20公克
細白砂糖 85公克
冰涼奶油 35公克
榛果醬 40公克

香脆沙布雷
SABLÉ CROUSTILLANT

膏狀奶油 100公克
糖粉 55公克
鹽之花 1公克
T55麵粉 125公克
可可脂適量

牛奶侯雪糊
APPAREIL À ROCHER LAIT

法芙娜®吉瓦拉（Jivara）
　　40%調溫牛奶巧克力 500公克
可可脂 50公克
葡萄籽油 30公克
切碎裹糖杏仁 150公克
切碎裹糖榛果 150公克

打發榛果奶油
CRÈME MONTÉE NOISETTE

魚膠吉利丁粉 3公克
礦泉水 15公克
液態鮮奶油 65公克
百花蜜 10公克
杏仁榛果帕林內 50公克
榛果醬 40公克
打發用鮮奶油 250公克

裝飾
烘烤榛果適量

工具

40×30公分烤盤 1個
直徑 6公分圓形切模 1個
直徑 8公分圓形切模 1個
直徑 8公分圓模 12個
擠花袋
直徑 0.8公分圓形擠花嘴 1個
no.104裝飾用擠花嘴 1個
冰棒棍 12個
電動陶藝轉台 1個

Sucettes glaçées noisette

榛果冰棒

製作步驟

榛果冰淇淋 (前兩日製作)

混合一部分細白砂糖和安定劑。鍋中放入鮮乳和奶粉加熱，至30°C時加入其餘的糖。40°C時加入鮮奶油和蛋黃，45°C時加入安定劑。繼續加熱至85°C，接著加入榛果帕林內拌勻。靜置冷卻後，冷藏24小時。

香軟榛果蛋糕 (前一日製作)

烤箱預熱至165°C。食物調理機裝刀片，略微攪打榛果和糖粉。加入杏仁粉和澱粉。桌上型攪拌器裝上葉片形攪拌棒，前述粉狀材料倒入攪拌缸，加入蛋黃、蜂蜜和第一份蛋白。第二份蛋白和糖以電動打蛋器打發，倒入前者，以刮刀輕輕拌勻。取部分麵糊倒入榛果奶油拌勻，然後倒回原先的麵糊中混合。麵糊倒入鋪烤盤紙的烤盤，烘烤約12分鐘。出爐時以直徑6公分切模切12個圓片。備用。

榛果焦糖 (前一日製作)

鍋中放入鮮奶油和刮出的香草籽加熱。另取一個鍋子，將糖和葡萄糖漿煮至焦糖化，然後倒入熱鮮奶油稀釋。繼續加熱至104°C，再加入冰涼奶油，以手持攪拌棒攪打。加入榛果醬，再度攪打。填入裝圓形擠花嘴的擠花袋，在香軟蛋糕圓片上擠滿榛果焦糖，然後放入直徑8公分圈模中央（A）。榛果鮮奶油放入冰淇淋機，填滿圈模，表面抹平（B），冷凍12小時。

香脆沙布雷

混合膏狀奶油、糖粉和鹽之花。倒入麵粉輕輕拌勻。冷藏2小時。烤箱預熱至160°C。麵糰擀至0.25公分厚，以直徑8公分切模切出圓片，移至烤墊上，烘烤約12分鐘。以料理用刷子在沙布雷表面刷上融化的可可脂。

牛奶侯雪糊

巧克力和可可脂隔水加熱融化。35°C時加入葡萄籽油和堅果。置於一旁備用。

打發榛果奶油

吉利丁泡水直到膨脹。以電動打蛋器打發鮮奶油。鍋中放入鮮奶油和蜂蜜，倒入吉利丁、帕林內和榛果醬中。靜置降溫至25°C，拌入打發鮮奶油。全體填入裝有no.104擠花嘴的擠花袋，冷藏備用。

組合和裝飾 (前一日製作)

冰淇淋片脫模，一部分浸入侯雪糊，置於網架上備用（C）。冰淇淋片移至電動轉台上，表面擠滿陀飛輪打發榛果奶油（見184頁，基礎）。冰棒棍沾少許打發榛果奶油，黏在沙布雷上，然後放上冰淇淋（D）。加上烘烤碎榛果，享用前冷凍保存。

在香軟蛋糕圓片上擠滿榛果焦糖，然後放入直徑8公分圈模中央。

榛果鮮奶油放入冰淇淋機，填滿圈模，表面抹平。

冰淇淋片脫模，一部分浸入侯雪糊，置於網架上備用。

冰淇淋片移至電動轉台上，表面擠滿陀飛輪打發榛果奶油。冰棒棍沾少許打發榛果奶油，黏在沙布雷上，然後擺上冰淇淋。

Nougat glacé

牛軋糖冰淇淋

材料

分量 / 慕斯蛋糕1個　　準備時間 / 1小時　　烹調時間 / 20分鐘　　冷凍 / 3小時

杏仁蛋糕
BISCUIT AMANDE

糖粉62公克
杏仁粉62公克
T55麵粉18公克
全蛋83公克
蛋白56公克
細白砂糖8公克
融化奶油15公克

香草柑曼怡浸漬液
IMBIBAGE VANILLE ET GRAND
MARNIER

礦泉水50公克
細白砂糖65公克

香草莢1/2條
柑曼怡白蘭地
　（Grand Marnier®）50公克

牛軋糖冰淇淋
CRÈME DE NOUGAT GLACÉ

糖漬柳橙皮88公克
柑曼怡白蘭地
　（Grand Marnier®）10公克
烤杏仁40公克
切碎開心果34公克
烤榛果25公克
液態鮮奶油255公克
香草莢1/2條
細白砂糖18公克

礦泉水13公克
蛋黃20公克

蜂蜜蛋白霜
MERINGUE AU MIEL

百花蜜34公克
冰涼蛋白50公克
細白砂糖18公克

義式蛋白霜
MERINGUE ITALIENNE

水50公克
細白砂糖160公克
蛋白80公克

裝飾

烘烤堅果適量
橙皮圓片

工具

40×30公分烤盤1個
直徑12公分切模1個
直徑14公分、高6公分圓模1個
和圈模等高的Rhodoïd®塑膠片
　1張
擠花袋
no.106裝飾用擠花嘴1個
電動陶藝轉台1個
噴槍1個

製作步驟

杏仁蛋糕

烤箱預熱至170°C。桌上型攪拌器裝上葉片形攪拌棒，攪拌糖粉、杏仁粉和麵粉。加入蛋液，繼續攪拌。桌上型攪拌器裝打蛋器，打發蛋白，接著加糖攪打至光滑緊實。打發的蛋白倒入麵糊中，並輕輕拌入融化奶油。麵糊倒入鋪烤紙的烤盤，烘烤約10至12分鐘。出爐時，切出寬5公分的長條蛋糕和一個直徑12公分的圓片。

香草柑曼怡浸漬液

所有材料放入鍋中加熱。

牛軋糖冰淇淋

糖漬柳橙皮切丁，與柑曼怡白蘭地拌勻。混合所有堅果，置於一旁備用。以電動打蛋器打發液態鮮奶油和香草籽，冷藏備用。糖和水加熱，然後將糖漿倒入蛋黃中，以電動打蛋器打發至蛋糊輕盈蓬鬆。打發蛋黃輕輕拌入打發鮮奶油中，冷藏備用。

蜂蜜蛋白霜

鍋中放入蜂蜜，加熱至120°C。以電動打蛋器打發蛋白和糖，然後淋入蜂蜜。放在攪拌缸中冷卻，再與牛軋糖鮮奶油混合。最後輕輕拌入堅果和糖漬柳橙。

義式蛋白霜

混合水和細白砂糖。桌上型攪拌器裝打蛋器，攪拌缸放入蛋白打發。鍋中放入水和糖加熱至121°C，然後倒入打發蛋白中。放在攪拌缸中冷卻，再將蛋白霜填入裝有no.106擠花嘴的擠花袋。

組合和裝飾

直徑14公分圈模內鋪上Rhodoïd塑膠片，然後鋪入杏仁蛋糕條。並放入杏仁蛋糕圓片，以刷子在蛋糕圓片上刷滿浸漬液糖漿。填入牛軋糖奶油至與模具等高，冷凍3小時。冷凍慕斯蛋糕脫模，放上電動轉台，表面擠上蛋白霜擠花（見184頁，基礎），以噴槍炙燒至焦糖化。再以烘烤過的堅果和柳橙圓片裝飾。食用前冷凍保存。

材料　分量 / 蛋糕1個　準備時間 / 50分鐘　烹調時間 / 45分鐘　冷藏時間 / 12小時＋1小時　冷凍時間 / 30分鐘

榛果軟焦糖（前一日製作）
CARAMEL TENDRE À LA NOISETTE

液態鮮奶油120公克
香草莢1/2條
葡萄糖漿80公克
細白砂糖100公克
無糖煉乳60公克
冰涼奶油140公克
榛果醬27公克

牛奶占度亞
GIANDUJA LAIT

榛果醬50公克

糖粉50公克
法芙娜®白希比（Bahibé）
　46%調溫牛奶巧克力30公克
可可脂10公克

牛奶巧克力侯雪糊
APPAREIL À ROCHER CHOCOLAT AU LAIT

法芙娜®白希比（Bahibé）
　46%調溫牛奶巧克力500公克
葡萄籽油50公克
烘烤切碎杏仁150公克

胡桃托卡多雷蛋糕
BISCUIT TROCADÉRO PÉCAN

奶油90公克
杏仁粉60公克
糖粉75公克
馬鈴薯澱粉12公克
蛋黃12公克
蛋白60公克
蛋白60公克
細白砂糖40公克
胡桃50公克

裝飾

牛奶巧克力葉片
烘烤榛果
金箔

工具

直徑14公分Silikomart®陀飛輪二
　連模1個
直徑16公分、高5公分圓模1個
40×30公分烤盤2個

製作步驟

榛果軟焦糖（前一日製作）

鍋中放入鮮奶油、煉乳和刮出的香草籽加熱。離火後，加蓋浸泡5分鐘。另取一個鍋子，加熱糖和葡萄糖漿至焦糖化後，以熱鮮奶油稀釋。過濾後再度放回火上，加熱至104°C。加入冰涼奶油，以手持攪拌棒攪打，靜置降溫至30°C。加入榛果醬，再度攪打。冷藏12小時。

牛奶占度亞

巧克力和可可脂隔水加熱融化。以桌上型攪拌器攪拌榛果醬和糖粉。加入巧克力，攪打至完全融化。倒入陀飛輪模的其中一格，在工作台上充分敲打模具震出氣泡，冷藏1小時。

牛奶巧克力侯雪糊

調溫巧克力和葡萄籽油隔水加熱融化至40°C。再加入切碎的杏仁，常溫放置備用。

胡桃托卡多雷蛋糕

先製作焦化奶油，將奶油加熱至呈金褐色。烤箱預熱至160°C。食物調理機裝刀片，打碎胡桃和糖粉。加入杏仁粉、澱粉、蛋黃和第一份蛋白繼續攪打。打發第二份蛋白，加入細白砂糖打發至光滑緊實，拌入麵糊中。加入一部分降溫至45°C的榛果奶油，再度攪拌。麵糊倒入圓模，放上烤紙和烤盤，並在烤盤上加重量。烘烤16分鐘，圓模連烤盤一起反轉，續烤16分鐘。出爐時，移去烤盤，以刀子確認熟度。拉出刀子時若不沾黏即烘烤完成。脫模冷卻。

組合和裝飾

蛋糕表面擠上焦糖，抹平。冷凍30分鐘。侯雪糊加熱至40°C，用叉子叉著蛋糕，小心沾滿巧克力糊，並且不蓋住焦糖。陀飛輪占度亞脫模，放在蛋糕上。以牛奶巧克力葉片、黑巧克力鏡面水珠、烘烤碎榛果和金箔裝飾。

訣竅

剩下的侯雪糊可以密封保存再次使用。也可以倒入模具中，當成巧克力零食享用。

Pécan caramel

焦糖胡桃

Pistache fraise

草莓開心果

材料

分量 / 蛋糕1個　　準備時間 / 40分鐘　　烹調時間 / 35分鐘　　冷藏時間 / 30分鐘　　冷凍時間 / 2小時

草莓糖煮果泥
COMPOTÉE DE FRAISES

細白砂糖30公克
NH325果膠6公克
草莓果泥225公克
黃檸檬汁12公克

開心果托卡多雷蛋糕
BISCUIT TROCADÉRO PISTACHE

糖粉100公克
杏仁粉60公克
開心果粉50公克
馬鈴薯澱粉15公克
蛋白75公克
開心果醬27公克
蛋白70公克
細白砂糖40公克
奶油85公克

裝飾

果膠
開心果粉150公克
無鹽開心果適量

工具

直徑14公分Silikomart®陀飛輪二連模1個
直徑16公分、高5公分圈模1個
40×30公分烤盤2個

製作步驟

草莓糖煮果泥

混合糖和果膠。鍋中放入果泥和檸檬汁加熱，再放入糖和果膠，煮至沸騰，接著倒入陀飛輪二連模的其中一格。充分敲打模具，以排出空氣，若有需要，可用牙籤戳破氣泡，確保沒有氣泡殘留。冷凍2小時。其餘的果泥冷藏30分鐘。

開心果托卡多雷蛋糕

烤箱預熱至160°C。依照179頁的指示製作蛋糕，但是以開心果醬和第一份蛋白取代香草莢。麵糊倒入圓模，鋪上烤紙，疊上第二個烤盤，並加上重量壓緊。烘烤16分鐘，烤模連烤盤一起翻面，續烤16分鐘。出爐時，移去烤盤，以刀子確認熟度。拉出刀尖時若不沾黏即烘烤完成。脫模靜置冷卻。

組合和裝飾

蛋糕側面滾滿果膠，然後裹上開心果粉。攪拌剩下的草莓果泥，塗滿蛋糕表面。陀飛輪果泥脫模，放在蛋糕上。以無鹽剖半的開心果裝飾。建議常溫食用，可享用到這款蛋糕的濃郁口感。

Ginger sweet

糖漬薑

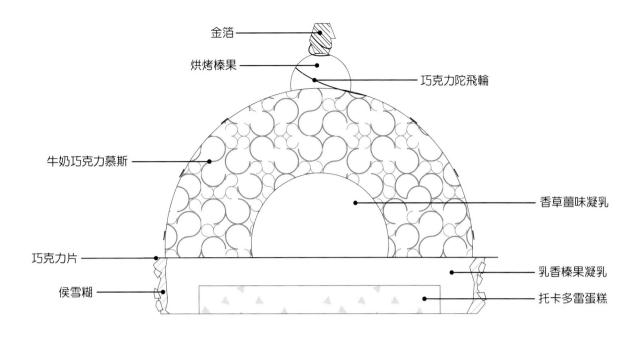

金箔

烘烤榛果

巧克力陀飛輪

牛奶巧克力慕斯

香草薑味凝乳

巧克力片

乳香榛果凝乳

侯雪糊

托卡多雷蛋糕

材料

分量 / 小蛋糕12個　　準備時間 / 1小時30分鐘　　烹調時間 / 25分鐘　　冷藏時間 / 12小時　　冷凍時間 / 9小時

牛奶巧克力淋面（前一日製作）
GLAÇAGE CHOCOLAT AU LAIT

魚膠吉利丁粉3.5公克
礦泉水24.5公克
礦泉水30公克
細白砂糖75公克
葡萄糖漿50公克
無糖煉乳50公克
法芙娜®白希比（Bahibé）
　　46%調溫牛奶巧克力90公克

榛果托卡多雷蛋糕
BISCUIT TROCADÉRO
NOISETTE

奶油95公克
百花蜜12公克
杏仁粉66公克
榛果粉47公克
糖粉76公克
玉米澱粉15公克
蛋白60公克
蛋白60公克
細白砂糖40公克

乳香榛果凝乳
CRÉMEUX LACTÉ NOISETTE

魚膠吉利丁粉1公克
礦泉水7公克
液態鮮奶油110公克
蛋黃15公克
法芙娜®塔納瑞瓦（Tanariva）
　　33%調溫牛奶巧克力50公克
法芙娜®孟加（Manjari）
　　64%調溫黑巧克力10公克
榛果醬7公克

香草薑味凝乳
CRÉMEUX VANILLE
GINGEMBRE

魚膠吉利丁粉1公克
礦泉水7公克
液態鮮奶油75公克
鮮薑3公克
馬達加斯加香草莢1/2條
蛋黃14公克
法芙娜®歐帕莉絲（Opalys）
　　33%調溫白巧克力40公克

牛奶巧克力慕斯
MOUSSE CHOCOLAT AU LAIT

魚膠吉利丁粉2公克
礦泉水14公克
蛋黃25公克
細白砂糖30公克
鮮乳125公克
法芙娜®吉瓦拉（Jivara）
　　40%調溫牛奶巧克力90公克
法芙娜®瓜納拉（Guanaja）
　　70%調溫黑巧克力15公克
液態鮮奶油145公克

牛奶侯雪糊
APPAREIL À ROCHER LAIT

法芙娜®吉瓦拉（Jivara）
　　40%調溫牛奶巧克力250公克
可可脂25公克
葡萄籽油15公克
切碎糖杏仁75公克

裝飾

直徑7公分巧克力圓片12個
　　（見186頁）
牛奶巧克力陀飛輪12個
　　（見185頁）
烘烤榛果
金箔

工具

40×30公分烤盤1個
直徑6公分切模1個和直徑7公分
　　切模12個
直徑4公分矽膠半圓十五連模1個
直徑6公分矽膠半圓六連模2個

製作步驟

牛奶巧克力淋面 （前一日製作）

吉利丁泡水直到膨脹。鍋中放入水、細白砂糖和葡萄糖漿加熱至108°C。離火後，加入煉乳，再放回火上加熱至沸騰。接著淋在牛奶巧克力和吸飽水分的吉利丁上，以手持攪拌棒攪打均勻，冷藏12小時。

榛果托卡多雷蛋糕

先製作焦化奶油，將奶油加熱至呈金褐色。過濾倒入蜂蜜，備用。烤箱預熱至165°C。依照179頁的指示製作托卡多雷蛋糕，但不放香草，以混入蜂蜜的焦化奶油取代融化奶油。麵糊倒入鋪烤墊的烤盤，烘烤約12分鐘。出爐時以直徑6公分圈模切出12個圓片，放入直徑7公分的圈模中央。

乳香榛果凝乳

吉利丁泡水直到膨脹。鍋中放入鮮奶油加熱，加入蛋黃煮至83°C。淋入吸飽水分的吉利丁、巧克力和榛果醬上。以手持攪拌棒攪打，靜置降溫至40°C。凝乳填入放托卡多雷蛋糕的圈模至與模具等高，抹平。冷凍3小時。

香草薑味凝乳

吉利丁泡水直到膨脹。鍋中放入鮮奶油加熱，加入磨碎的薑和刮出的香草籽。蛋黃加入熱鮮奶油，加熱至85°C。過濾淋入吸飽水分的吉利丁和調溫白巧克力上。以手持攪拌棒攪打，靜置降溫至40°C，倒入12個4公分的半圓多連模（A）。冷凍2小時。

牛奶巧克力慕斯

吉利丁泡水直到膨脹。鍋中放入鮮乳加熱，放入事先和砂糖打發至顏色變淺的蛋黃。煮至83°C，加入吸飽水分的吉利丁。接著淋入裝有巧克力的容器裡，以手持攪拌棒攪打，靜置降溫至29°C。同時以電動打蛋器打發鮮奶油，拌入巧克力中。慕斯糊倒入直徑6公分半圓多連模，中央放入薑味凝乳（B）。冷凍4小時。

牛奶侯雪糊

隔水加熱巧克力和可可脂。35°C時加入葡萄籽油和切碎的杏仁（C）。

組合和裝飾

榛果凝乳蛋糕片脫模，浸入侯雪糊（D），然後放在鋪了烤紙的烤盤上備用。鏡面淋醬加熱至25°C，牛奶巧克力半圓慕斯脫模，浸入鏡面淋醬，擺在牛奶巧克力圓片上，再一起放在侯雪糊蛋糕片上（E）。以牛奶巧克力陀飛輪、對切的烘烤榛果和金箔裝飾小蛋糕（F）。

香草薑味凝乳倒入12個4公分的半圓多連模。

慕斯糊倒入直徑6公分半圓多連模，中央放入薑味凝乳。

隔水加熱巧克力和可可脂。35°C時加入葡萄籽油和切碎的杏仁。

榛果凝乳蛋糕片脫模，浸入侯雪糊。

牛奶巧克力半圓慕斯浸入鏡面淋醬，擺在牛奶巧克力圓片上，然後放到侯雪蛋糕片上。

以牛奶巧克力陀飛輪、對切的烘烤榛果和金箔裝飾小蛋糕。

材料

分量 / 小蛋糕12個　　準備時間 / 1小時40分鐘　　烹調時間 / 35分鐘　　冷藏時間 / 12小時　　冷凍時間 / 5小時30分鐘

白色鏡面淋醬（前一日製作）
GLAÇAGE BLANC

魚膠吉利丁粉4公克
礦泉水28公克
馬鈴薯澱粉10公克
打發用鮮奶油187公克
無糖煉乳62公克
法芙娜®歐帕莉絲（Opalys）
　調溫白巧克力37公克
細白砂糖75公克

英式奶油沙布雷
SABLÉ SHORTBREAD

膏狀奶油75公克
香草莢1/4條
檸檬1/4顆，皮刨細絲
柳橙1/4顆，皮刨細絲
鹽之花1公克
糖粉41公克
T55麵粉93公克
蛋黃6公克

綠茶托卡多雷蛋糕
BISCUIT TROCADÉRO THÉ VERT

杏仁糖粉（等量糖粉與杏仁粉混合）
　250公克
澱粉17公克
蛋白87公克
蛋黃12公克
抹茶粉8公克
融化奶油100公克
蛋白83公克
細白砂糖50公克

杏仁芝麻脆片
CROQUANT AMANDE ET SÉSAME

液態鮮奶油27公克
奶油35公克
葡萄糖漿38公克
細白砂糖77公克
NH325果膠2公克
白芝麻粒25公克
切碎杏仁55公克
精鹽1小撮

覆盆子糖煮果泥
COMPOTÉE DE FRAMBOISES

覆盆子泥150公克
細白砂糖45公克
NH325果膠3公克

芭樂奶油
CRÈME GOYAVE

芭樂果肉240公克
鳳梨果肉74公克
蛋黃22公克
細白砂糖37公克
吉利丁粉5公克
水35公克
打發用鮮奶油185公克

香草奶油
CRÈME VANILLE

液態鮮奶油75公克
香草莢1/2條
蛋黃20公克
細白砂糖20公克
吉利丁粉2.5公克
水17.5公克
液態鮮奶油300公克

噴槍用綠色醬汁
SAUCE PISTOLET VERT

法芙娜®歐帕莉絲（Opalys）
　調溫白巧克力125公克
可可脂30公克
開心果綠可可脂12公克
覆盆子紅可可脂1公克
白色可可脂3公克

裝飾

抹茶粉
新鮮覆盆子適量
香草果膠

工具

直徑5公分切模1個
直徑7公分圈模12個
直徑8公分Silikomart®
　tarte Ring模具組2個
直徑7公分Silikomart®小塔六連模2個
Silikomart®陀飛輪十五連模1個
擠花袋
圓形擠花嘴1個
噴槍1個

Zen thé vert goyave

禪風芭樂綠茶

製作步驟

白色鏡面淋醬 （前一日製作）

吉利丁泡水直到膨脹。以少許打發用鮮奶油稀釋澱粉。在鍋中放入其餘鮮奶油和煉乳加熱。加入細白砂糖，倒入稀釋過的澱粉，混合使整體濃稠。加入吸飽水分的吉利丁，然後整體淋在裝有巧克力的容器中，以手持攪拌棒攪打，放入冰箱冷藏12小時。

英式奶油沙布雷

烤箱預熱至160°C。按照177頁的指示，製作英式奶油沙布雷麵糰。擀至0.3公分厚，切12個直徑8公分的圓片，夾在兩片烤墊之間，烘烤約12分鐘。置於一旁備用。

香草奶油

吉利丁泡水直到膨脹。鍋中放入鮮奶油和刮出的香草籽加熱。蛋黃加糖打發至顏色變淺，鮮奶油過濾倒入打發蛋黃拌勻。蛋奶糊重新倒回鍋中加熱至83°C，再加入吸飽水分的吉利丁，靜置冷卻至25°C。以電動打蛋器打發剩下的鮮奶油，將之拌入蛋奶糊。整體填入裝圓形擠花嘴的擠花袋，填滿12格tarte Ring多連模和12格陀飛輪印模（A）。冷凍約3小時。

綠茶托卡多雷蛋糕

烤箱預熱至165°C。桌上型攪拌器裝上葉片形攪拌棒，攪拌缸中放入杏仁糖粉、澱粉、蛋黃、綠茶粉和87公克蛋白。以電動打蛋器打發83公克的蛋白，加入糖打發至光滑緊實，拌入麵糊中，然後加入融化奶油。麵糊倒入鋪烤墊的烤盤攤平，烘烤約10分鐘。以直徑5公分的圓模切出圓片，置於一旁備用。

杏仁芝麻脆片

烤箱預熱至175°C。鍋中放入鮮奶油、奶油、葡萄糖漿和鹽加熱。放入與果膠混合的糖，煮至沸騰，再拌入杏仁和芝麻。放在兩張烤墊之間壓平，放入冷凍庫冷卻30分鐘。以直徑5公分切模切出圓片，放入小塔模中烘烤約7分鐘直到金黃。置於一旁備用。

覆盆子糖煮果泥

鍋中放入覆盆子泥加熱，再放入與果膠混合的糖。煮沸後倒入調理盆，保鮮膜直接蓋在果泥表面，冷藏冷卻。攪拌覆盆子糖煮果泥，擠在托卡多雷蛋糕片上（B）。

芭樂奶油

吉利丁泡水直到膨脹。鍋中放入鳳梨和芭樂果肉。蛋黃和細白砂糖打發至顏色變淺，拌入果肉中，加熱至83°C，並放入吸飽水分的吉利丁，靜置降溫至30°C。以電動打蛋器打發鮮奶油，然後輕輕拌入果泥中，整體填入擠花袋備用。塗滿果泥的蛋糕放在直徑7公分圈模中央，填入與模具等高的芭樂奶油（C）。冷凍2小時。

組合和裝飾

混合所有噴槍用材料，加熱至45°C，然後噴滿已脫模的芭樂奶油片。將之放在英式奶油沙布雷上（D），再擺上杏仁脆片。香草奶油脫模，放在下方墊烤盤的網架上。鏡面淋醬加熱至23°C，淋滿奶油片表面（E），然後將之疊在杏仁脆片上。迷你陀飛輪脫模，一半撒上抹茶粉，放在香草片表面。以對切的新鮮覆盆子和無味果膠水珠裝飾（F）。

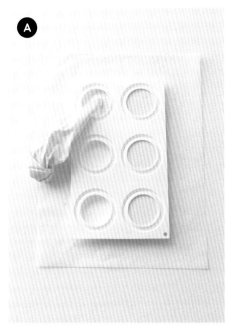

香草奶油填滿12格tarte Ring 多連模和12格陀飛輪印模。

覆盆子糖煮果泥擠在托卡多雷蛋糕片上。

填入與模具等高的芭樂奶油。

噴滿醬料的芭樂奶油片放在英式奶油沙布雷上。

香草奶油片淋滿鏡面淋醬。

迷你陀飛輪一半撒上抹茶粉，放在香草片表面。以對切的新鮮覆盆子和無味果膠水珠裝飾。

Sablés addictifs

沙布雷之癮

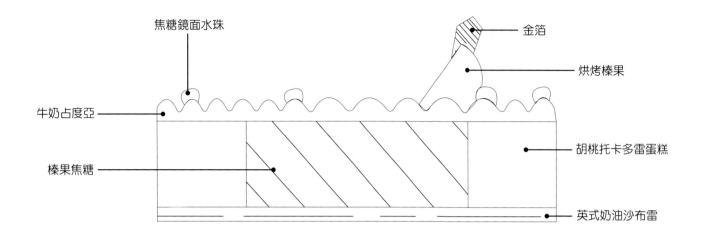

焦糖鏡面水珠

金箔

烘烤榛果

牛奶占度亞

胡桃托卡多雷蛋糕

榛果焦糖

英式奶油沙布雷

材料

分量 / 小蛋糕12個　　準備時間 / 50分鐘　　烹調時間 / 40分鐘　　冷藏時間 / 12小時＋1小時

榛果焦糖（前一日製作）
CARAMEL NOISETTE

液態鮮奶油180公克
香草莢1/2條
葡萄糖漿20公克
細白砂糖85公克
冰涼奶油35公克
榛果醬40公克

牛奶占度亞
GIANDUJA LAIT

榛果醬60公克
糖粉60公克
法芙娜® 白希比（Bahibé）
　　46%調溫牛奶巧克力36公克
可可脂12公克

英式奶油沙布雷
SABLÉ SHORTBREAD

膏狀奶油100公克
糖粉55公克
香草莢1/2條
檸檬1/2顆，皮刨細絲
柳橙1/2顆，皮刨細絲
鹽之花2公克
T55麵粉125公克
蛋黃8公克

胡桃托卡多雷蛋糕
BISCUIT TROCADÉRO PÉCAN

奶油90公克
杏仁粉60公克
糖粉75公克
馬鈴薯澱粉12公克
蛋黃12公克
蛋白60公克
蛋白60公克
細白砂糖40公克
胡桃50公克

裝飾

防潮糖粉適量
烘烤杏仁100公克
焦糖色香草果膠
金箔

工具

直徑8公分 Silikomart® 陀飛輪
　　六連模2個
直徑8公分切模1個
直徑8公分小塔圈12個
直徑3公分圓切模1個

製作步驟

榛果焦糖（前一日製作）

鍋中放入鮮奶油和刮出的香草籽加熱。另取一個鍋子，放入糖和葡萄糖漿煮至焦糖化，然後以熱鮮奶油稀釋，加熱至104°C，再加入冰涼奶油。以手持攪拌棒攪打，靜置降溫至30°C。加入榛果醬後，再度攪打。冷藏12小時。

牛奶占度亞

隔水加熱巧克力和可可脂。以桌上型攪拌器攪拌榛果醬和糖粉。加入巧克力，攪打至完全融化。倒入陀飛輪多連模，充分敲打模具去除氣泡（A），冷藏1小時備用。

英式奶油沙布雷

烤箱預熱至160°C。按照177頁的指示，製作英式奶油沙布雷麵糰，擀至0.3公分厚。以直徑8公分圓形切模切出12個圓片，烤盤鋪烤墊，放上沙布雷，烘烤約15分鐘（B）。置於一旁備用。

胡桃托卡多雷蛋糕

先製作焦化奶油，將奶油加熱至呈金褐色。烤箱預熱至165°C。食物調理機裝刀片，打碎胡桃和糖粉，再加入杏仁粉、澱粉、蛋黃和第一份蛋白繼續攪打。打發第二份蛋白，接著加入細白砂糖打發至光滑緊實，拌入麵糊中，加入一部分降溫至45°C的榛果奶油，再度攪拌。麵糊填入小塔模，烘烤約20分鐘（C）。靜置降溫。

組合和裝飾

以直徑3公分切模切去蛋糕片中央（D），將圈狀蛋糕放在沙布雷上。撒上防潮糖粉，中央填入榛果焦糖，並放入烘烤榛果（E）。占度亞陀飛輪脫模，放在蛋糕上。以烘烤榛果碎粒、焦糖鏡面水珠和金箔裝飾（F）。

A

牛奶占度亞倒入陀飛輪多連模。

B

烤盤鋪烤墊，放上沙布雷，烘烤約15分鐘。

C

胡桃托卡多雷蛋糕麵糊填入小塔模，烘烤約20分鐘。

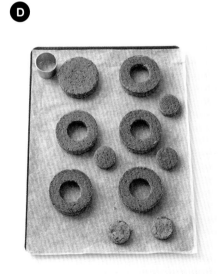

D

以直徑3公分切模切去蛋糕片中央，放在沙布雷上。

E

撒上防潮糖粉，中央填入榛果焦糖，並放入烘烤榛果。

F

占度亞陀飛輪放在蛋糕上。以烘烤榛果碎粒、焦糖鏡面水珠和金箔裝飾。

Perle ananas passion

鳳梨百香果水珠

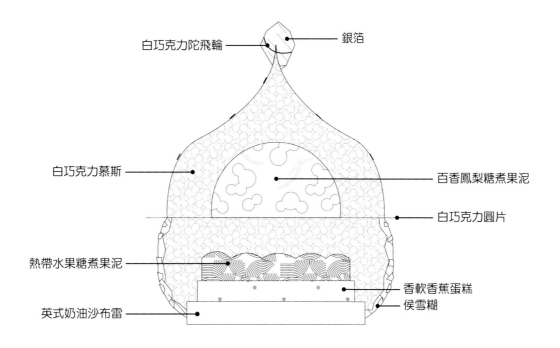

白巧克力陀飛輪 ——— 銀箔

白巧克力慕斯 ——— 百香鳳梨糖煮果泥

白巧克力圓片

熱帶水果糖煮果泥 ——— 香軟香蕉蛋糕

英式奶油沙布雷 ——— 侯雪糊

材料　分量 / 小蛋糕12個　準備時間 / 1小時　烹調時間 / 40分鐘　冷藏時間 / 45分鐘　冷凍時間 / 5小時

英式奶油沙布雷
SABLÉ SHORTBREAD

膏狀奶油100公克
糖粉55公克
香草莢1/2條
檸檬1/2顆，皮刨細絲
柳橙1/2顆，皮刨細絲
鹽之花2公克
T55麵粉125公克
蛋黃8公克

香軟香蕉蛋糕
BISCUIT MOELLEUX BANANE

香蕉泥98公克
生杏仁膏122公克
麵粉13公克
全蛋90公克
蛋黃8公克
馬斯科瓦多黑糖
　（sucre muscovado）13公克
蛋白25公克
細白砂糖5公克
奶油28公克

佩索亞百香鳳梨糖煮果泥
COMPOTÉE ANANAS &
PASSION AU PASSOA®

維多利亞鳳梨（ananas
　Victoria）250公克
香草莢1/2條
礦泉水75公克
細白砂糖70公克
鳳梨果泥50公克
百香果泥30公克
佩索亞（Passoa®）
　百香果利口酒15公克
NH325果膠5公克

香草白巧克力慕斯
MOUSSE CHOCOLAT BLANC
& VANILLE

魚膠吉利丁粉7公克
礦泉水49公克
打發用鮮奶油330公克
香草莢2條
可可脂36公克
33%調溫用白巧克力340公克
打發用鮮奶油350公克

熱帶水果糖煮果泥
COMPOTÉE EXOTIQUE

芒果果肉125公克
香蕉果肉30公克
百香果汁28公克
細白砂糖38公克
NH325果膠4公克
佩索亞（Passoa®）
　百香果利口酒15公克

侯雪糊
APPAREIL À ROCHER

33%調溫白巧克力500公克
可可脂25公克
白可可脂25公克
葡萄籽油30公克
烘烤過的椰子粉50公克

百香果膠
NAPPAGE PASSION

無味果膠500公克
香草莢1條
芒果泥50公克

裝飾

直徑7公分白巧克力圓片12片
　（見186頁）
白巧克力陀飛輪12個
　（見185頁）
銀箔

工具

40×30公分烤盤1個
直徑5公分和6公分切模
直徑4公分半圓矽膠十二連模1個
直徑6.4公分PCB Création®
　Noisette多連模1個
噴槍1個

製作步驟

英式奶油沙布雷

烤箱預熱至160°C。依照177頁的指示，製作英式奶油沙布雷麵糰。擀至0.3公分厚，以6公分塔圈切出12個圓片。上下各放一片烤墊，烘烤約10分鐘。置於一旁備用。

香軟香蕉蛋糕

烤箱預熱至180°C。混合香蕉泥和生杏仁膏、麵粉、蛋液、蛋黃和馬斯科瓦多黑糖。以電動打蛋器打發蛋白，然後加入細白砂糖打發至滑順緊實。混合兩者，加入融化奶油。麵糊倒入鋪烤墊的烤盤攤平，烘烤約15分鐘。出爐時，以直徑5公分的圈模切出圓片。靜置冷卻。

佩索亞百香鳳梨糖煮果泥

鳳梨切細丁，放入鍋中，加入刮出的香草籽、水和2/3的糖。煮沸5分鐘，然後加入鳳梨泥、百香果泥和佩索亞百香果利口酒。加入剩下與果膠混合的糖。倒入調理盤，包上保鮮膜放入冰箱冷藏。倒入4公分的半圓多連模，冷凍2小時備用。

香草白巧克力慕斯

吉利丁泡水直到膨脹。鍋中放入鮮奶油加熱，離火後，加蓋浸泡刮出的香草籽5分鐘。過篩後，將可可脂加入，再放回火上加熱至微沸。淋在白巧克力和吸飽水分的吉利丁上，攪拌至質地均勻，降溫至24°C。同時以電動打蛋器打發鮮奶油。用刮刀輕輕拌入巧克力，混合均勻。冷藏備用。

熱帶水果糖煮果泥

鍋中放入水果果肉和百香果汁加熱至40°C。加入與果膠混合的糖，然後倒入佩索亞利口酒。冷藏30分鐘靜置冷卻。

侯雪糊

以微波爐加熱調溫白巧克力、可可脂和油，使之融化。到40°C時，加入烘烤過的椰子粉。常溫保存備用。

組合和裝飾

攪拌熱帶水果泥，在香軟香蕉蛋糕片鋪上約7公克果泥。冷藏15分鐘備用。英式奶油沙布雷放入 PCB Création ® Noisette 多連模底部，擺上鋪滿果泥的香蕉蛋糕。倒入與模具等高的白巧克力慕斯。模具上部填入約30公克白巧克力慕斯。放入半圓形鳳梨果泥，再填滿白巧克力慕斯。整體冷凍3小時。冷凍過後，模具底部脫模，浸入侯雪糊，放在鋪烤紙的烤盤上備用。接著製作果膠，將所有材料加熱至80°C。蛋糕半圓表面噴滿果膠。巧克力底部上放巧克力圓片，然後擺上噴滿果膠的圓頂。以白巧克力陀飛輪和銀箔裝飾。

Palets croquants chocolat

香脆巧克力

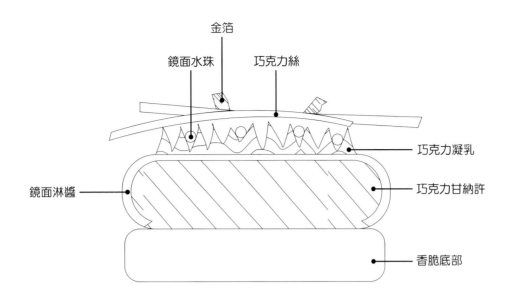

金箔

鏡面水珠　巧克力絲

巧克力凝乳

巧克力甘納許

鏡面淋醬

香脆底部

材料

分量 / 小蛋糕20個　　準備時間 / 1小時30分鐘　　烹調時間 / 20分鐘　　冷藏時間 / 12小時＋15分鐘　　冷凍時間 / 5小時

香脆底部
PALET CROUSTILLANT

切碎榛果150公克
松子75公克
玉米脆片150公克
烘烤椰子粉25公克
白杏仁泥80公克
黑占度亞（gianduja noir）
　　100公克
法芙娜®白希比（Bahibé）
　　46%調溫牛奶巧克力80公克
法芙娜®歐帕莉絲（Opalys）
　　33%調溫白巧克力50公克
鹽之花1公克

零陵香豆巧克力甘納許
GANACHE CHOCOLAT À LA
FÈVE DE TONKA

液態鮮奶油425公克
香草莢1條
零陵香豆1公克
金合歡蜜62公克
細白砂糖112公克
法芙娜®吉瓦拉（Jivara）
　　調溫牛奶巧克力125公克
法芙娜®孟加里（Manjari）
　　64%調溫黑巧克力215公克
奶油30公克

巧克力凝乳
CRÉMEUX CHOCOLAT

魚膠吉利丁粉2公克
礦泉水14公克
液態鮮奶油400公克
蛋黃50公克
細白砂糖22公克
法芙娜®孟加里（Manjari）
　　64%調溫黑巧克力150公克

巧克力鏡面淋醬
GLAÇAGE MIROIR CHOCOLAT

魚膠吉利丁粉9公克
礦泉水63公克
液態鮮奶油100公克
葡萄糖漿60公克
可可粉40公克
礦泉水56公克
細白砂糖140公克

裝飾

黑巧克力絲
淋面巧克力豆
金箔

工具

直徑7公分小塔圈20個
直徑7公分Silikomart®
　　tarte Ring多連模4個
擠花袋
no.104裝飾用擠花嘴1個
電動陶藝轉台1個

製作步驟

香脆底部

榛果、玉米脆片和松子平放在烤盤上,放入烤箱烘烤。融化占度亞,與杏仁泥混合,再將巧克力融化,倒入前者。拌入堅果、玉米脆片和鹽,填入塔圈底(A)。冷藏30分鐘。

零陵香豆巧克力甘納許

鍋中放入鮮奶油、刮出的香草籽和零陵香豆加熱,但不可沸騰。離火後,加蓋浸泡4分鐘,再加入蜂蜜。另取一個鍋子,將糖煮至乾式焦糖狀態,熱鮮奶油過濾倒入稀釋。在焦糖鮮奶油淋入巧克力,以手持攪拌棒攪打至巧克力完全融化。接著加入奶油,再度攪打。靜置降溫至40°C,然後倒入20格tarte Ring多連模中(B)。冷藏2小時。

巧克力凝乳

吉利丁泡水直到膨脹。鍋中放入鮮奶油加熱,但不可沸騰。蛋黃和糖打發至顏色變淺,然後倒入熱鮮奶油中,加熱至85°C,再整體淋入吉利丁和巧克力中。以手持攪拌棒攪打,冷藏約2小時。

巧克力鏡面淋醬

吉利丁泡水直到膨脹。鮮奶油和葡萄糖漿加熱至溫熱,然後加入可可粉。鍋中放入水和糖煮至110°C,再倒入鮮奶油,煮至沸騰。加入吸飽水分的吉利丁,以手持攪拌棒略微攪拌。冷藏備用。

組合和裝飾

甘納許片脫模,放在下方墊烤盤的網架上(C)。淋面加熱融化至28°C,淋滿甘納許(D)。將之擺到脆底上(E),然後放到電動轉台上。擠花袋裝no.104擠花嘴,填入巧克力凝乳,在淋面慕斯表面擠出陀飛輪擠花(見184頁,基礎)(F)。以黑巧克力絲、淋面黑巧克力豆和金箔裝飾。

拌好的料填入小塔圈製作脆底。

甘納許倒入20格tarte Ring多連模。

甘納許片脫模，放在下方墊烤盤的網架上。

淋面加熱融化至28°C，淋滿甘納許表面。

接著將甘納許片擺到脆底上。

在淋面慕斯表面以凝乳擠出陀飛輪擠花。

材料

分量 / 小蛋糕18個   準備時間 / 3小時   烹調時間 / 40分鐘   冷藏時間 / 12小時＋1小時   冷凍時間 / 4小時

香草椰子青檸打發甘納許
（前一日製作）
GANACHE MONTÉE VANILLE

魚膠吉利丁粉1公克
礦泉水6公克
液態鮮奶油195公克
全脂鮮乳50公克
青檸檬1/2顆，皮刨細絲
椰子泥75公克
香草莢1/2條
法芙娜®歐帕莉絲（Opalys）
　調溫白巧克力187公克

白色鏡面淋醬 （前一日製作）
GLAÇAGE BLANC

魚膠吉利丁粉5公克
礦泉水35公克
馬鈴薯澱粉15公克
無糖煉乳80公克
細白砂糖100公克
法芙娜®歐帕莉絲（Opalys）
　調溫白巧克力50公克
液態鮮奶油250公克

香脆香草沙布雷
SABLÉ CROUSTILLANT VANILLE

膏狀半鹽奶油185公克
杏仁糖粉（等量糖粉與杏仁粉混合）
　106公克
全蛋25公克
香草莢1條
T55麵粉175公克
泡打粉5公克

香草托卡多雷蛋糕
BISCUIT TROCADÉRO VANILLE

杏仁糖粉（等量糖粉與杏仁粉混合）
　482公克
香草莢1條
澱粉32公克
蛋白160公克
蛋黃21公克
蛋白160公克
細白砂糖89公克
融化奶油185公克

香草薑味凝乳
CRÉMEUX VANILLE GINGEMBRE

魚膠吉利丁粉3公克
礦泉水21公克
液態鮮奶油150公克
全脂鮮乳150公克
生薑12公克
馬達加斯加香草莢1又1/2條
蛋黃56公克
法芙娜®歐帕莉絲（Opalys）
　33%調溫白巧克力187公克

香草焦糖
CARAMEL VANILLE

液態鮮奶油145公克
香草莢1條
葡萄糖漿25公克
細白砂糖135公克
奶油25公克

香草奶油
CRÈME VANILLE

魚膠吉利丁粉2.5公克
礦泉水17.5公克
蛋黃20公克
細白砂糖20公克
液態鮮奶油75公克
香草莢1/2條
液態鮮奶油300公克

裝飾

白巧克力圈（見186頁）
無味果膠
銀箔

工具

Silikomart®Cupole多連模3個
直徑8公分圈模18個
直徑6公分切模1個
擠花袋
no.104裝飾用擠花嘴1個
電動陶藝轉台1個

Éclats vanille

濃郁香草

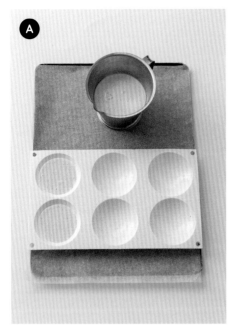

香草薑味凝乳倒入 Silikomart® Cupole 多連模。

在托卡多雷蛋糕上方擠焦糖。

蛋糕圓片放入直徑 8 公分圈模，在蛋糕上填入香草奶油至與圈模等高，表面抹平。

奶油圓片脫模，放在底部墊烤盤的網架上。淋面覆滿奶油圓片表面。

凝乳脫模，放在覆滿淋面的奶油圓片中央。

蛋糕放上電動轉台，在薑味凝乳表面擠上甘納許陀飛輪擠花。

製作步驟

香草椰子青檸打發甘納許

（前一日製作）

吉利丁泡水直到膨脹。鍋中放入鮮乳和青檸皮絲加熱。離火後，加蓋浸泡5分鐘。加入椰子泥和刮出的香草籽，再放回火上加熱，但不可沸騰。放入吸飽水分的吉利丁，整體淋在調溫白巧克力上，以手持攪拌棒攪打。加入冰涼的液態鮮奶油，再度攪打。冷藏12小時。

白色鏡面淋醬 （前一日製作）

吉利丁泡水直到膨脹。取少許鮮奶油混合澱粉稀釋，置於一旁備用。鍋中放入剩下的鮮奶油、煉乳加熱，再加入細白砂糖，並加入澱粉混合，使鮮奶油變得濃稠。加入吸飽水分的吉利丁，整體淋在調溫白巧克力上，以手持攪拌棒攪打。放入冰箱冷藏12小時。

香脆香草沙布雷

依照178頁的指示製作沙布雷**麵糰**，擀至0.3公分厚，以直徑8公分圈模切出圓片，夾在兩張烤墊之間烘烤約12分鐘。置於一旁備用。

香草托卡多雷蛋糕

烤箱預熱至165°C。依照179頁的指示製作托卡多雷蛋糕。烘烤約14分鐘，並切出直徑6公分的圓片。備用。

香草薑味凝乳

吉利丁泡水直到膨脹。鍋中放入鮮奶油加熱，加入磨碎的薑和刮出的香草籽。蛋黃倒入熱鮮奶油中，加熱至85°C，接著過濾淋入吸飽水分的吉利丁和調溫白巧克力。以手持攪拌棒攪打，靜置降溫至40°C，倒入 Silikomart® Cupole 多連模（A）。冷凍2小時。

香草焦糖

鮮奶油和刮出的香草籽一起加熱但不沸騰。另取一個厚底鍋子，將葡萄糖漿和細白砂糖煮至焦糖化。加入浸泡過的熱鮮奶油，整體煮至103°C，再將奶油加入攪拌均勻。放入冰箱冷藏1小時。

香草奶油

吉利丁泡水直到膨脹。鍋中放入75公克鮮奶油和香草莢加熱，再倒入事先加糖打發至顏色變淺的蛋黃中，加熱至83°C。然後加入吸飽水分的吉利丁，靜置降溫至25°C。同時間以電動打蛋器打發剩餘的鮮奶油，與蛋奶糊混合。

組合和裝飾

托卡多雷蛋糕上擠焦糖（B）。蛋糕圓片放入直徑8公分圈模，在蛋糕上填入香草奶油至與圈模等高，表面抹平（C）。全體冷凍2小時。冷凍後，奶油圓片脫模，放在底部墊烤盤的網架上。淋面加熱至23°C，淋滿奶油圓片表面（D）。以白巧克力圈圍住奶油圓片，放在沙布雷上。將凝乳脫模，放在覆滿淋面的奶油圓片上（E）。以電動打蛋器打發香草椰子甘納許，填入裝no.104擠花嘴的擠花袋。蛋糕放上電動轉台，在薑味凝乳表面擠上甘納許陀飛輪擠花（見184頁，基礎）（F）。最後以果膠水珠和銀箔裝飾。

Palets pignon abricot citron

脆底松子杏桃檸檬

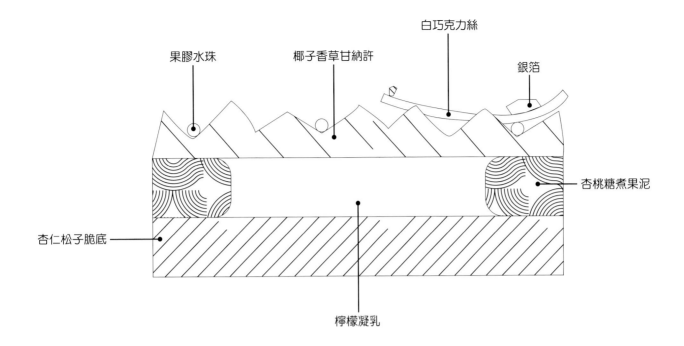

果膠水珠　椰子香草甘納許　白巧克力絲　銀箔

杏桃糖煮果泥

杏仁松子脆底

檸檬凝乳

材料

分量 / 小蛋糕8個　準備時間 / 1小時45分鐘　烹調時間 / 30分鐘　冷藏時間 / 12小時＋1小時　冷凍時間 / 1小時

香草椰子青檸打發甘納許
（前一日製作）
GANACHE MONTÉE VANILLE
ET CITRON VERT

魚膠吉利丁粉1公克
礦泉水7公克
全脂鮮乳50公克
青檸檬1/2顆
椰子泥35公克
香草莢1/2條
法芙娜®歐帕莉絲（Opalys）
　調溫白巧克力130公克
液態鮮奶油135公克

杏仁松子脆底（前一日製作）
CROUSTILLANT AMANDES
ET PIGNONS DE PINS

玉米脆片80公克
切碎杏仁70公克
松子25公克
杏仁帕林內45公克
法芙娜®歐帕莉絲（Opalys）
　調溫白巧克力70公克
鹽之花1小撮

杏桃糖煮果泥
COMPOTÉE D'ABRICOTS

細白砂糖20公克
NH325果膠2公克
杏桃果肉150公克

檸檬羅勒凝乳
CRÉMEUX CITRON BASILIC

魚膠吉利丁粉2公克
礦泉水14公克
全脂鮮乳45公克
新鮮青檸檬1/2顆
新鮮羅勒4公克
全蛋65公克
細白砂糖72公克
黃檸檬汁65公克
奶油100公克

裝飾

白巧克力絲（見187頁）
無味果膠
銀箔

工具

直徑8公分小塔模16個
no.104裝飾用擠花嘴1個
電動陶藝轉台1個

製作步驟

香草椰子青檸打發甘納許
(前一日製作)

吉利丁泡水直到膨脹。鍋中放入鮮乳和青檸加熱。離火後，加蓋浸泡4分鐘，過濾倒入椰子泥中，並加入刮出的香草籽。放回火上加熱，但不可沸騰。整體淋在吸飽水分的吉利丁和調溫白巧克力上，以手持攪拌棒攪打，然後將冰涼的液態鮮奶油倒入，再度攪打。冷藏12小時。

杏仁松子脆底 (前一日製作)

烤箱預熱至170°C。烤盤鋪烤墊，放上玉米片烘烤5分鐘，置於一旁備用。切碎杏仁和松子放在烤盤上烘烤10分鐘，期間不時翻動。隔水加熱巧克力，與帕林內混合。拌入玉米片、杏仁、松子和鹽之花。填入塔圈，冷藏15分鐘備用（A）。

杏桃糖煮果泥

混合糖和果膠。鍋中放入杏桃果肉，加入糖混合。煮沸後放入調理盆，置於冰箱冷卻15分鐘。

檸檬羅勒凝乳

吉利丁泡水直到膨脹。鍋中放入鮮乳和青檸皮絲煮至溫熱。再放入羅勒一起加熱，但不可沸騰。離火後，加蓋浸泡5分鐘。蛋黃和細白砂糖打發至顏色變淺。牛奶過濾，將過濾物中吸收的牛奶充分壓出，倒入打發蛋黃中。檸檬汁加熱，倒入蛋奶糊中，一起煮至沸騰。加入吸飽水分的吉利丁，靜置降溫至45°C，然後加入切小塊的奶油，以手持攪拌棒攪打（B）。整體填入擠花袋備用。

組合和裝飾

攪打杏桃糖煮果泥，填入裝0.8公分圓形擠花嘴的擠花袋。在8個塔圈邊緣擠5球果泥（C），然後在塔圈中填滿檸檬凝乳，表面抹平（D），冷凍約1小時使之凝固。冷凍後，凝乳脫模，放在杏仁脆底上（E）。以桌上型攪拌器打發甘納許，填入裝有no.104擠花嘴的擠花袋。慕斯蛋糕放上電動轉台，在檸檬凝乳表面擠上打發甘納許陀飛輪擠花（見184頁，基礎）（F）。重複此步驟，完成全部的慕斯蛋糕。以白巧克力絲、果膠水珠和銀箔裝飾。

玉米片、杏仁、松子和鹽之花填入塔圈，冷藏15分鐘備用。

檸檬凝乳加入切小塊的奶油，以手持攪拌棒攪打。

在8個塔圈邊緣擠5球果泥。

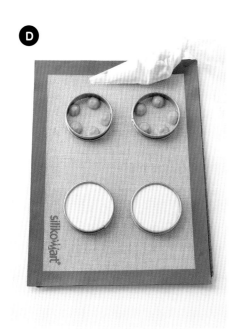

果泥上填入檸檬凝乳，表面抹平。

凝乳脫模，放在杏仁脆底上。

慕斯蛋糕放上電動轉台，在檸檬凝乳表面擠出打發甘納許陀飛輪擠花。

Perles citronnelle cassis

黑醋栗檸檬香茅水珠

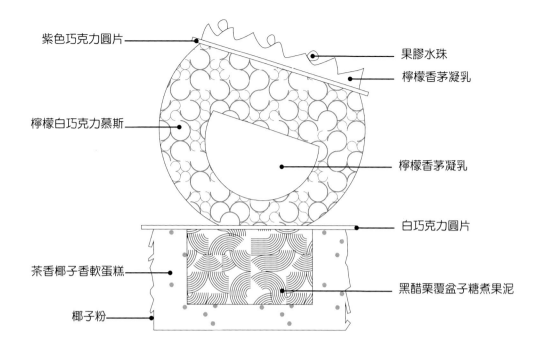

紫色巧克力圓片 ————— 果膠水珠

檸檬香茅凝乳

檸檬白巧克力慕斯 ————

檸檬香茅凝乳

白巧克力圓片

茶香椰子香軟蛋糕 ————

黑醋栗覆盆子糖煮果泥

椰子粉 —————

材料   分量 / 小蛋糕12個   準備時間 / 2小時   烹調時間 / 20分鐘   冷藏時間 / 1小時   冷凍時間 / 8小時

檸檬香茅凝乳
CRÉMEUX CITRONNELLE

魚膠吉利丁粉1.5公克
礦泉水10.5公克
液態鮮奶油110公克
檸檬香茅1根
檸檬香茅泥50公克
黃檸檬汁16公克
蛋黃30公克
細白砂糖18公克
法芙娜®歐帕莉絲（Opalys）
　　調溫白巧克力25公克

檸檬白巧克力慕斯
MOUSSE CHOCOLAT BLANC
AUX CITRONS

魚膠吉利丁粉3公克
礦泉水18公克
液態鮮奶油120公克
黃檸檬1/2顆，皮刨細絲
青檸檬1/2顆，皮刨細絲

可可脂13公克
法芙娜®歐帕莉絲（Opalys）
　　33%調溫白巧克力125公克
打發用鮮奶油125公克

椰子波麗露茶香軟蛋糕
BISCUIT MOELLEUX COCO ET
THÉ BOLÉRO®

生杏仁粉100公克
糖粉100公克
馬鈴薯澱粉7.5公克
全蛋100公克
蛋白20公克
瑪黑兄弟波麗露茶（thé Boléro®
　　de Mariage Frères）
　　4公克，磨成粉
椰子粉50公克
蛋白35公克
細白砂糖10公克
融化奶油70公克

黑醋栗覆盆子糖煮果泥
COMPOTÉE DE CASSIS ET
FRAMBOISES

魚膠吉利丁粉1公克
礦泉水7公克
細白砂糖37公克
NH325果膠4.5公克
黑醋栗果肉150公克
覆盆子果肉75公克

噴槍用紫色醬汁
SAUCE PISTOLET VIOLETTE

法芙娜®歐帕莉絲（Opalys）
　　調溫白巧克力65公克
可可脂50公克
覆盆子紅可可脂15公克
藍莓藍可可脂2公克

裝飾

直徑6公分、中央直徑3公分挖空
　　的白巧克圓片12個
直徑5公分紫色巧克力圓片12個
　　（見186頁）
無味果膠
椰子粉
銀箔

工具

直徑6公分慕斯圈12個
直徑3公分半圓二十四連模1個
直徑5公分球形二十連模1個
直徑3公分圓切模1個
Silikomart®陀飛輪十五連模1個

製作步驟

檸檬香茅凝乳

吉利丁泡水直到膨脹。鍋中放入鮮奶油和切小段的檸檬香茅加熱，再放入檸檬香茅泥和檸檬汁。蛋黃和細白砂糖打發至顏色變淺，鮮奶油過濾倒入打發蛋黃中。整體放回火上，加熱至83°C。淋入吸飽水分的吉利丁和巧克力，以手持攪拌棒攪打，倒入12格直徑3公分的半圓多連模。剩下的凝乳倒入Silikomart®陀飛輪十五連模中的12格（A）。兩者冷凍4小時。

檸檬白巧克力慕斯

吉利丁泡水直到膨脹。鍋中放入鮮奶油和檸檬皮絲加熱。離火後，加蓋浸泡5分鐘，接著過濾，把可可脂加入，放回火上加熱至85°C。淋入巧克力和吸飽水分的吉利丁，靜置降溫至23°C。同時以電動打蛋器打發鮮奶油，拌入巧克力糊。擠入少許慕絲至12格直徑5公分球形矽膠多連模（B）。檸檬香茅半圓凝乳脫模放在慕斯圈中央，在慕斯圈中繼續填滿巧克力慕斯（C）。冷凍4小時。

椰子波麗露茶香軟蛋糕

烤箱預熱至160°C。食物調理機裝刀片，攪打杏仁粉和糖粉，再加入澱粉、蛋液和20公克蛋白，攪打至略微乳化。以刮刀拌入茶葉粉和椰子粉。使用電動打蛋器打發蛋白，並加入糖打發至滑順緊實，以刮刀輕輕與麵糊混合。加入降溫的融化奶油，混合均勻。倒入直徑6公分圈模，烘烤約12分鐘。冷卻後脫模。中央切出直徑3公分孔洞，切出的圓柱形切去0.5公分高度，然後放回孔洞底部（D），置於一旁備用。

黑醋栗覆盆子糖煮果泥

吉利丁泡水直到膨脹。混合糖和果膠。鍋中放入果肉加熱至40°C，再加入糖和果膠煮至沸騰後，放入冰箱冷卻。

噴槍用紫色醬汁

所有材料加溫至40°C融化。

組合和裝飾

蛋糕側面裹上無味果膠，然後沾滿椰子粉。攪拌糖煮果泥，擠入香軟蛋糕中央，然後放上圈狀白巧克力片（E）。球形脫模，裹上黑醋栗紫淋面。用牙籤戳起圓球，平面朝上，擺在蛋糕上（F）。陀飛輪脫模，噴滿紫色醬汁，放在紫色巧克力圓片上，然後放在球形的平面上。以無味果膠裝飾。

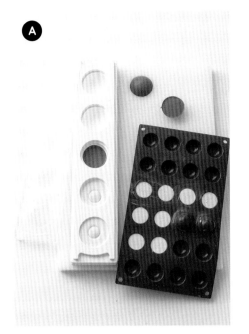

A

凝乳倒入12格直徑3公分的半圓多連模。剩下的凝乳倒入Silikomart®陀飛輪十五連模中的12格。

B

擠入少許慕絲至12格直徑5公分球形矽膠多連模。

C

檸檬香茅半圓凝乳放在中央，繼續填滿巧克力慕斯。

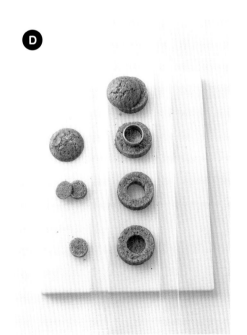

D

蛋糕中央切出直徑3公分孔洞，切出的圓柱形切去0.5公分高度，然後放回孔洞底部。

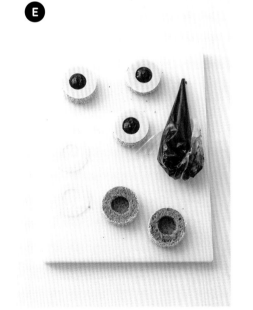

E

糖煮果泥擠入香軟蛋糕中央，然後放上圈狀白巧克力片。

F

球形裹上黑醋栗紫淋面。用牙籤戳起圓球，平面朝上，擺在蛋糕上。

Choux confiture
de lait passion

百香果牛奶焦糖醬泡芙

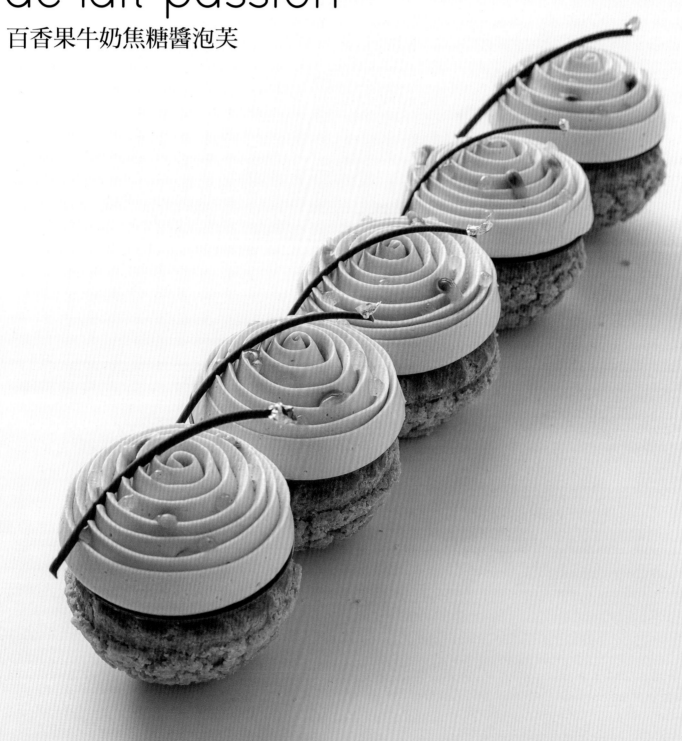

材料

分量 / 泡芙12個　　準備時間 / 1小時　　烹調時間 / 25分鐘　　冷藏時間 / 12小時＋2小時　　冷凍時間 / 4小時

杜絲打發甘納許（前一日製作）
GANACHE MONTÉE DULCEY

液態鮮奶油73公克
葡萄糖漿8公克
法芙娜®杜絲（blond Dulcey）
　調溫巧克力100公克
冰涼液態鮮奶油185公克

砂糖脆皮
CROUSTILLANT CASSONADE

膏狀奶油50公克
黃砂糖（sucre cassonade）
　30公克
細白砂糖25公克
麵粉60公克

泡芙麵糊
PÂTE À CHOUX

鮮乳125公克
奶油55公克
精鹽2公克
T55麵粉67公克
全蛋125公克

百香芒果糖煮果泥
COMPOTÉE DE MANGUE PASSION

細白砂糖50公克
NH325果膠4公克
芒果果肉120公克
百香果汁80公克

焦糖杜絲奶油
CRÈME CARAMEL DULCEY

魚膠吉利丁粉4公克
礦泉水28公克
全脂鮮乳250公克
蛋黃70公克
細白砂糖90公克
法芙娜®杜絲（blond Dulcey）
　調溫巧克力35公克
液態鮮奶油240公克

裝飾

牛奶巧克力圓片12片
　（見186頁）
牛奶巧克力絲12根（見187頁）
百香果果肉

染成百香果黃的無味果膠
金箔

工具

擠花袋
1.4公分圓形擠花嘴1個
直徑4公分切模1個
直徑4公分Silikomart®矽膠半圓
　十五連模1個
直徑6公分Silikomart®矽膠半圓
　六連模2個
no.104裝飾用擠花嘴1個
電動陶藝轉台1個

製作步驟

杜絲打發甘納許（前一日製作）

鍋中放入鮮奶油和葡萄糖漿加熱，淋入巧克力，以手持攪拌棒攪打。加入冰涼的鮮奶油後再度攪打。冷藏保存12小時。

砂糖脆皮

混合膏狀奶油、黃砂糖和細白砂糖，再拌入麵粉混合均勻。脆皮麵糰夾在兩張烤盤紙之間擀至極薄。冷藏1小時備用。

泡芙麵糊

烤箱預熱至165°C。加熱鮮乳、奶油和鹽。微沸時一口氣倒入已過篩的麵粉。快速攪拌，使麵糰糊化收乾。離火，逐次加入蛋液，為麵糰增添水分。然後將麵糊填入裝上直徑1.4公分圓形擠花嘴的擠花袋。擠出直徑5公分的泡芙。以切模切出直徑4公分的脆皮圓片，放在泡芙上，烘烤約20分鐘。

百香芒果糖煮果泥

混合糖和果膠。鍋中放入芒果果肉和百香果汁加熱，然後放入糖。煮沸後倒入調理盆，蓋上保鮮膜，放入冰箱冷卻30分鐘。以手持攪拌棒攪打，填入12格直徑4公分半圓多連模中。冷凍2小時。

焦糖杜絲奶油

吉利丁泡水直到膨脹。鍋中放入牛奶煮至沸騰。另取一個鍋子，將糖煮至乾式焦糖，然後倒入熱牛奶稀釋。放入蛋黃，加熱至83°C。淋入吸飽水分的吉利丁和巧克力。以手持攪拌棒攪打，靜置降溫至25°C。以電動打蛋器打發鮮奶油，拌入焦糖巧克力糊中。焦糖奶油倒入直徑6公分半圓多連模，冷凍2小時。剩下的奶油冷藏備用1小時。

組合和裝飾

截開泡芙的平面，讓脆皮面朝下。填入剩下的焦糖奶油，然後加入半圓果泥。擺上巧克力圓片，再放上半圓焦糖奶油。以桌上型攪拌器打發甘納許，填入裝有no.104擠花嘴的擠花袋。每個泡芙放上電動轉台，在巧克力圓片上擠出甘納許陀飛輪擠花（見184頁）。以巧克力絲、百香果肉、芒果色果膠水珠與金箔裝飾。

材料

分量 / 杯裝甜點12個　　準備時間 / 2小時　　烹調時間 / 50分鐘　　冷藏時間 / 12小時＋3小時

杜絲打發甘納許（前一日製作）
GANACHE MONTÉE DULCEY

液態鮮奶油73公克
葡萄糖漿8公克
法芙娜®杜絲（blond Dulcey）
　調溫巧克力100公克
液態鮮奶油185公克

甜塔皮
PÂTE SUCRÉE

奶油90公克
T55麵粉140公克
細白砂糖27公克
精鹽0.5公克
杏仁糖粉（等量糖粉與杏仁粉混合）
　50公克
全蛋25公克

砂糖脆皮
CROUSTILLANT CASSONADE

膏狀奶油50公克
黃砂糖（sucre cassonade）30公克
細白砂糖25公克
麵粉60公克

泡芙麵糊
PÂTE À CHOUX

鮮乳125公克
奶油55公克
精鹽2公克
T55公克67公克
全蛋125公克

熱帶水果糖煮果泥
COMPOTÉE EXOTIQUE

芒果果肉100公克
香蕉泥20公克
鳳梨果泥30公克
百香果汁15公克
香草莢1/4條
細白砂糖33公克
NH325果膠6公克

香脆爆米花
POP-CORN ÉCLATÉ

爆米花用玉米70公克
葵花籽油100公克
細白砂糖15公克

焦糖爆米花凝乳
CRÉMEUX POP-CORN CARAMEL

魚膠吉利丁粉2公克
礦泉水14公克
鮮乳150公克
液態鮮奶油100公克
香脆爆米花25公克
細白砂糖30公克
蛋黃20公克
細白砂糖10公克
法芙娜®歐帕莉絲（Opalys）
　調溫白巧克力30公克
奶油50公克
液態鮮奶油適量

香草焦糖
CARAMEL VANILLE

液態鮮奶油160公克
香草莢1/2條
細白砂糖150公克
葡萄糖漿18公克
奶油30公克

硬焦糖
CARAMEL DUR

細白砂糖150公克
葡萄糖漿25公克
水25公克

裝飾

直徑5公分牛奶巧克力圓片12片
　（見186頁，裝飾）
爆米花適量
牛奶巧克力絲（見187頁）

工具

甜點杯12個
直徑1.5公分切模1個
直徑2.5公分切模1個
擠花袋
直徑1.2公分圓形擠花嘴1個
填餡用擠花嘴1個
no.104裝飾用擠花嘴1個
電動陶藝轉台1個

Verrines caramel
pop corn

焦糖爆米花杯裝甜點

製作步驟

杜絲打發甘納許 (前一日製作)

鍋中放入鮮奶油和葡萄糖漿加熱，淋入巧克力，以手持攪拌棒攪打。加入冰涼的鮮奶油，再度攪打。冷藏保存12小時。

甜塔皮

烤箱預熱至175°C。依照176頁的方法製作甜塔皮麵糰。麵糰擀至0.3公分厚，切出12個與甜點杯杯口一樣大的圓片，中央割出1.5公分的空心。夾在兩片烤墊之間烘烤約12分鐘。

砂糖脆皮

混合膏狀奶油、黃砂糖和細白砂糖。拌入麵粉。脆皮麵糰夾在兩張烤盤紙之間擀至極薄。冷藏1小時備用。

泡芙麵糊

烤箱預熱至165°C。加熱鮮乳、奶油和鹽。微沸時一口氣倒入已過篩的麵粉。快速攪拌，使麵糰糊化收乾。離火，逐次加入蛋液，為麵糰增添水分。麵糊填入裝有直徑1.2公分圓形擠花嘴的擠花袋，擠出直徑3公分的泡芙。以切模切出直徑2.5公分的脆皮圓片，放在泡芙上。烘烤約20分鐘。

熱帶水果糖煮果泥

混合糖和果膠。鍋中放入果泥、百香果汁和刮出的香草籽加熱。加入混合果膠的糖，煮至沸騰。放入冰箱冷卻1小時。

焦糖爆米花凝乳

烤箱預熱至160°C。鍋子加蓋，以熱油製作爆米花。加入細白砂糖混合均勻，然後倒在鋪烤墊的烤盤上，放入烤箱烘乾10分鐘。吉利丁泡水直到膨脹。鍋中放入鮮乳和鮮奶加熱，然後加入爆米花。離火後，加蓋浸泡5分鐘。過濾後加入鮮奶油補足過濾前的重量。糖煮至乾式焦糖，然後離火，加入浸泡過的鮮奶油稀釋。放回火上，加入事先與糖一起打發至顏色變淺的蛋黃。煮沸後淋入吸飽水分的吉利丁和巧克力。靜置降溫至40°C，加入切小塊的奶油，以手持攪拌棒攪打。

香草焦糖

鍋中放入鮮奶油和刮出的香草籽和香草莢。離火後，加蓋浸泡5分鐘，然後過濾。糖和葡萄糖漿煮至焦糖化，再加入浸泡過的奶油稀釋。加熱至103°C，放入切小塊的奶油，以手持攪拌棒攪打。

硬焦糖

裝杯之前，所有材料混合均勻，煮至呈金黃色的焦糖（約180°C）。

組合和裝飾

攪拌熱帶水果果泥，填入杯底。取一半分量的爆米花凝乳倒在上面，冷藏1小時。剩下的凝乳倒入裝有填餡用擠花嘴的擠花袋，冷藏降溫。泡芙事先戳洞，沾滿熱的硬焦糖，然後填入已冰涼的凝乳。從冰箱取出甜點杯，將香草焦糖倒在凝乳上。泡芙沾剩餘的溫熱硬焦糖與沙布雷黏合，將泡芙朝下擺放在甜點杯上。以桌上型攪拌器打發甘納許，填入裝有no.104擠花嘴的擠花袋。牛奶巧克力片放上電動轉台，表面以甘納許擠上陀飛輪擠花（見184頁，基礎）。陀飛輪巧克力片擺到沙布雷上，以爆米花和牛奶巧克力絲裝飾。

Pompom

蘋果碰碰

材料

分量 / 小蛋糕12個　　準備時間 / 2小時30分鐘　　烹調時間 / 50分鐘　　冷藏時間 / 3小時　　冷凍時間 / 4小時

香草香脆沙布雷
SABLÉ CROUSTILLANT VANILLE

半鹽奶油92公克
杏仁糖粉（等量糖粉與杏仁粉混合）
　53公克
全蛋12公克
T55麵粉87公克
泡打粉2公克

椰子開心果托卡多雷蛋糕
BISCUIT TROCADÉRO COCO PISTACHE

糖粉125公克
杏仁粉40公克
開心果粉60公克
馬鈴薯澱粉19公克
蛋白100公克
開心果醬33公克
椰子粉30公克
蛋白90公克
細白砂糖50公克
奶油100公克

蘋果果凝
GELÉE DE POMME

魚膠吉利丁粉3.5公克
礦泉水24.5公克
蘋果泥100公克
水75公克
青檸檬汁20公克
吉法青蘋利口酒（manzana）20公克
細白砂糖15公克

青檸蘋果奶油
CRÈME POMME ET CITRON VERT

魚膠吉利丁粉4公克
礦泉水28公克
青蘋果泥117公克
水55公克
吉法青蘋利口酒（manzana）22公克
全脂鮮乳32公克
青檸檬1顆，皮刨細絲
全蛋164公克
細白砂糖100公克
青檸檬汁36公克
奶油183公克
液態鮮奶油220公克

綠巧克力
CHOCOLAT VERT

法芙娜®歐帕莉絲（Opalys）
　調溫白巧克力250公克
黃色可可脂4公克
綠色可可脂2公克

綠色果膠
NAPPAGE VERT

無味果膠500公克
香草莢1條
綠色色素適量

裝飾

Granny Smith 蘋果片
椰子粉
銀箔

工具

40×30公分烤盤1個
直徑7.5公分和6公分切模各1個
直徑5公分矽膠圓片模12個
8公分塔圈12個
直徑8公分Silikomart®陀飛輪六連模2個

製作步驟

香草香脆沙布雷

烤箱預熱至160°C。製作沙布雷麵糰（見178頁）。麵糰擀至0.3公分厚，切出12個直徑7.5公分的圓片。烘烤約12分鐘。

椰子開心果托卡多雷蛋糕

烤箱預熱至170°C。製作托卡多雷蛋糕（見179頁，基礎），不加香草莢，加入開心果醬、椰子粉和第一份蛋白。倒入鋪烤墊的烤盤，烘烤15至20分鐘。出爐時以直徑6公分圓片切12個切模，置於一旁備用。

蘋果果凝

吉利丁泡水直到膨脹。混合蘋果泥和水，過濾後加入檸檬汁和吉法青蘋利口酒。取1/3果泥加熱，加入糖和吸飽水分的吉利丁。其餘2/3備用。直徑5公分矽膠模每格填入10公克果凝，冷凍2小時。

青檸蘋果奶油

吉利丁泡水直到膨脹。混合蘋果泥和水，過濾後，加入吉法青蘋利口酒以取出汁液，備用。鍋中放入鮮乳和青檸皮絲加熱。蛋液加糖打發至顏色變淺，過濾倒入熱牛奶。另取一個鍋子，加熱利口酒蘋果汁和檸檬汁，但不可沸騰。倒入蛋奶糊，加熱至沸騰，放入吸飽水分的吉利丁，靜置降溫至45°C。加入切小塊的奶油，以手持攪拌棒攪打。以電動打蛋器打發液態鮮奶油，與前者混合。

綠巧克力

製作巧克力圈（見186頁），加入有色可可脂，做成直徑8公分的圓片。

組合和裝飾

托卡多雷蛋糕放在直徑8公分圈模中央，放上蘋果果凝夾心（A）。填入蘋果奶油至與圈模等高，表面抹平（B）。剩下的蘋果奶油倒入陀飛輪矽膠模。全部放入冷凍庫冷凍2小時。蘋果奶油蛋糕脫模，放在沙布雷上（C），放上巧克力圈圍住。陀飛輪脫模，噴滿綠色果膠，放上巧克力圓片，然後放在凝乳上（D）。以Granny Smith青蘋果片、椰子粉和銀箔裝飾。

托卡多雷蛋糕放在直徑 8 公分圈模中央，再放上蘋果果凝夾心。

填入蘋果奶油至與圈模等高，表面抹平。

蘋果奶油蛋糕脫模，放在沙布雷上。

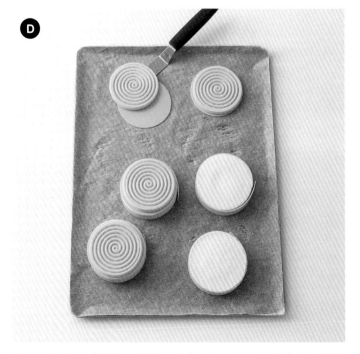

陀飛輪脫模，噴滿綠色果膠，放上巧克力圓片，然後放在凝乳上。

材料

分量 / 小蛋糕8個　準備時間 / 2小時　烹調時間 / 35分鐘　冷藏時間 / 12小時＋45分鐘　冷凍時間 / 4小時

粉紅白巧克力鏡面淋醬（前一日製作）
GLAÇAGE BLANC ROSÉ

魚膠吉利丁粉4公克
礦泉水28公克
馬鈴薯澱粉10公克
打發用鮮奶油187公克
無糖煉乳62公克
細白砂糖75公克
法芙娜®歐帕莉絲（Opalys）
　調溫白巧克力37公克
天然粉紅色素（E120）適量

英式奶油沙布雷
SABLÉ SHORTBREAD

膏狀奶油100公克
T55麵粉125公克
糖粉55公克
蛋黃8公克
黃檸檬1/2顆，皮刨細絲
柳橙1/2顆，皮刨細絲
鹽之花21公克
香草莢1/2條

荔枝凝乳
CRÉMEUX LITCHI

蛋黃50公克
細白砂糖40公克
荔枝泥100公克
打發用鮮奶油150公克
香草莢1/2條
X58果膠2公克
Soho®荔枝利口酒12公克

茉莉茶香托卡多雷蛋糕
BISCUIT TROCADÉRO THÉ JASMIN

杏仁糖粉（等量糖粉與杏仁粉混合）
　240公克
馬鈴薯澱粉10公克
茉莉花茶4公克
蛋白30公克
全蛋120公克
椰子粉60公克
蛋白37公克
細白砂糖15公克
融化奶油85公克

覆盆子粉紅葡萄柚果醬
MARMELADE FRAMBOISE
ET PAMPLEMOUSSE ROSE

粉紅葡萄柚100公克
覆盆子泥62公克
青檸檬汁12公克
細白砂糖25公克
NH325果膠3公克

茉莉茶香奶油
CRÈME AU THÉ JASMIN

魚膠吉利丁粉5公克
水35公克
液態鮮奶油130公克
茉莉花茶6公克
蛋黃25公克
細白砂糖27公克
茉莉花茶粉0.5公克
打發用鮮奶油325公克
液態鮮奶油適量

噴槍用粉紅醬汁
SAUCE PISTOLET ROSE

法芙娜®歐帕莉絲（Opalys）
　調溫白巧克力125公克
可可脂125公克
白色可可脂70公克
草莓紅可可脂6公克

粉紅巧克力
CHOCOLAT ROSE

法芙娜®歐帕莉絲（Opalys）
　調溫白巧克力500公克
白色可可脂40公克
覆盆子紅可可脂2公克

裝飾

粉紅巧克力絲
果膠水珠
銀箔

工具

直徑8公分切模1個
直徑7公分切模1個
Silikomart®陀飛輪六連模1個
直徑8公分、高2公分塔圈8個
擠花袋
直徑0.6公分圓形擠花嘴1個

Frui'thé

水果茶

淋醬加入少許天然粉紅色素混合均勻，放入冰箱冷藏12小時。

每片托卡多雷蛋糕上擠18公克果醬。

塗滿果醬的托卡多雷蛋糕放入直徑8公分慕斯塔圈。每個慕斯圈中擠入40公克茉莉奶油至與模具等高，表面抹平。

奶油脫模，放在英式奶油沙布雷上。

整體擺在下方墊烤盤的網架上。淋醬加熱至23°C，淋滿慕斯蛋糕表面。

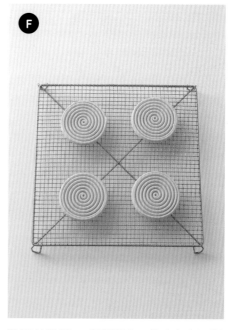

陀飛輪脫模，噴滿醬汁，放在每個蛋糕上。

製作步驟

粉紅白巧克力鏡面淋醬 （前一日製作）

魚膠吉利丁泡水直到膨脹。取少許打發用鮮奶油與澱粉混合稀釋。鍋中放入其餘的鮮奶油和煉乳加熱至沸騰，離火後，加入細白砂糖和澱粉，混合使鮮奶油濃稠。加入吸飽水分的吉利丁，淋入裝有調溫白巧克力的容器中。加入少許天然粉紅色素混合均勻，放入冰箱冷藏12小時（A）。

英式奶油沙布雷

烤箱預熱至160°C。製作英式奶油沙布雷麵糰（見177頁）。擀至0.3公分厚。以直徑8公分圓形切模切出8個圓片。夾在兩張烤墊之間烘烤約10分鐘。置於一旁備用。

荔枝凝乳

蛋黃和2/3的細白砂糖打發至顏色變淺。剩下的砂糖和果膠混合。鍋中放入果泥、鮮奶油和刮出的香草籽加熱，然後加入打發蛋黃。加熱至80°C時，加入剩下的糖，以手持攪拌棒攪打，倒入荔枝利口酒，混合均勻。每一格陀飛輪模倒入25公克凝乳。冷凍2小時。

茉莉茶香托卡多雷蛋糕

烤箱預熱至165°C。以桌上型攪拌器混合杏仁糖粉和澱粉。倒入磨碎的茶、蛋白和蛋液。倒入椰子粉但不攪拌。以電動打蛋器打發37公克蛋白，加入糖打發至光滑緊實，然後以刮刀輕輕與麵糊混合，拌入融化奶油。倒在鋪烤墊的烤盤上抹平，烘烤約12分鐘。靜置冷卻，然後以7公分切模切出8個圓片。

覆盆子粉紅葡萄柚果醬

切出葡萄柚果肉，與覆盆子泥和檸檬汁以手持攪拌棒打碎。混合糖和果膠。鍋中放入果泥加熱至40°C，倒入糖和果膠，加熱至沸騰，倒入調理盆，放入冰箱冷藏冷卻。以手持攪拌棒攪打果醬，填入裝0.6公分圓形擠花嘴的擠花袋。在每片托卡多雷蛋糕上擠18公克果醬（B）。冷藏30分鐘備用。

茉莉茶香奶油

魚膠吉利丁泡水直到膨脹。鍋中放入130公克鮮奶油加熱，加入6公克茉莉花茶，浸泡5分鐘。過濾後加入液態鮮奶油補充至原本的重量。放回火上加熱，蛋黃與糖打發至顏色變淺，倒入鮮奶油中。放入茶粉，加熱至85°C。淋入吸飽水分的吉利丁，靜置降溫至35°C。以電動打蛋器打發鮮奶油，與蛋奶糊混合。

噴槍用粉紅醬汁

所有材料加熱融化至40°C。

粉紅巧克力

加入有色可可脂，製作粉紅巧克力環（見186頁，裝飾）。備用。

組合和裝飾

塗滿果醬的托卡多雷蛋糕放入直徑8公分塔慕斯圈。每個慕斯圈擠入40公克茉莉奶油至與模具等高，表面抹平（C），冷凍約2小時。奶油脫模，放在英式奶油沙布雷上（D），然後整體擺在下方墊烤盤的網架上。淋醬加熱至23°C，淋滿慕斯蛋糕表面（E）。陀飛輪脫模，噴滿醬汁，放在每個蛋糕上（F），底部以粉紅巧克力環圍住。陀飛輪上以粉紅巧克力絲、果膠水珠和銀箔裝飾。

Bases et décors

基底和裝飾

Pâte sucrée citron
檸檬甜塔皮麵糰

分量 / 麵糰300公克　準備時間 / 10分鐘　冷藏時間 / 30分鐘

工具

桌上型攪拌器裝上葉片形攪拌棒

材料

奶油90公克
T55麵粉140公克
細白砂糖27公克
有機黃檸檬1/2顆，皮刨細絲
精鹽0.5公克
杏仁糖粉（等量糖粉與杏仁粉混合）50公克
全蛋25公克

製作步驟

（A）奶油切小塊，和麵粉混合至沙布雷狀。
（B）加入細白砂糖、檸檬皮絲、鹽，以及杏仁糖粉。
（C和D）加入蛋液混合均勻，但不可過度攪拌。
（E）包上保鮮膜，冷藏30分鐘。
（F）夾在兩張烤盤紙之間，擀至需要的厚度。必要時可切割
　　　後再鋪入模具。

Pâte shortbread
英式沙布雷麵糰

分量 / 麵糰300公克　準備時間 / 10分鐘　冷藏時間 / 30分鐘

工具

桌上型攪拌器裝上葉片形攪拌棒

材料

膏狀奶油100公克
糖粉55公克
香草莢1/2條
黃檸檬1/2顆，皮刨細絲
柳橙1/2顆，皮刨細絲
鹽之花2公克
T55麵粉125公克
蛋黃8公克

製作步驟

（A）混合膏狀奶油和糖粉。
（B）加入刮出的香草籽、柑橘皮絲和鹽之花。
（C）加入麵粉和蛋黃。
（D）混合均勻，但不可過度攪拌。以保鮮膜包起來，冷藏30
　　　分鐘。
（E和F）夾在兩張烤盤紙之間，擀至需要的厚度。必要時可
　　　　切割後再鋪入模具。

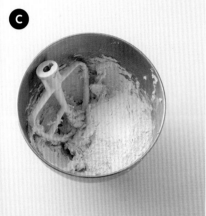

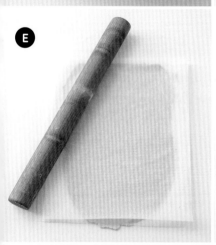
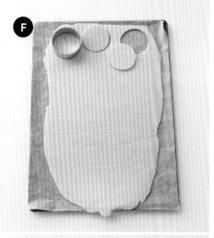

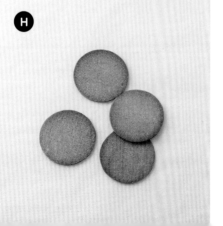

Sablé croustillant
香脆沙布雷麵糰

分量 / 麵糰250公克　準備時間 / 10分鐘　冷藏時間 / 3小時

工具

桌上型攪拌器裝上葉片形攪拌棒

材料

膏狀半鹽奶油92公克
杏仁糖粉（等量糖粉與杏仁粉混合）53公克
全蛋12公克
T55麵粉87公克
泡打粉2公克

製作步驟

（A）桌上型攪拌器裝葉片形攪拌棒，將奶油攪打至膏狀。
（B）加入杏仁糖粉，然後倒入蛋液。
（C和D）加入事先與泡打粉過篩的麵粉，混合均勻。以保鮮
　　　　膜包起，冷藏1小時鬆弛。
（E）夾在兩張烤盤紙之間，擀至需要的厚度。
（F）切割成需要的尺寸形狀。
（G和H）夾在兩張烤墊之間烘烤。

Biscuit Trocadéro
托卡多雷蛋糕

分量 / 麵糊500公克　準備時間 / 10分鐘

工具

桌上型攪拌器裝上葉片形攪拌棒

材料

杏仁糖粉（等量糖粉與杏仁粉混合）241公克
香草莢 1/2 條
澱粉 16公克
蛋白 80公克
蛋黃 10公克
蛋白 80公克
細白砂糖44公克
融化奶油93公克

製作步驟

（A）杏仁糖粉和澱粉一起過篩，混合。

（B）加入刮出的香草籽、第一份蛋白，以及蛋黃。

（C）以電動打蛋器打發第二份蛋白，加入糖打發至光滑緊實。拌入第一份麵糊中。取少許麵糊與融化奶油混合，然後倒回麵糊中拌勻。

（D）麵糊抹勻在鋪烤墊的烤盤上。以165°C烘烤約12分鐘。

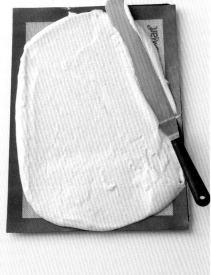

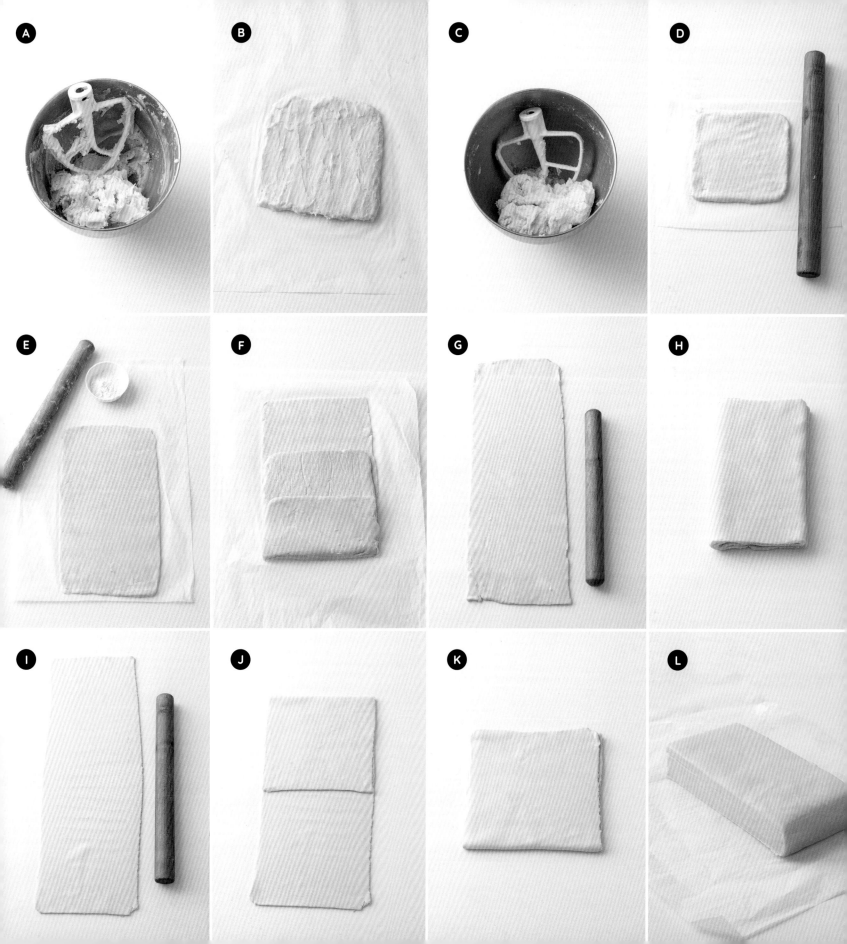

Pâte feuilletée inversée
反轉千層麵糰

分量 / 麵糰1300公克　準備時間 / 1小時　冷藏時間 / 4小時

工具

桌上型攪拌器裝上葉片形攪拌棒
擀麵棍

材料

油麵糰：

　奶油420公克
　T55麵粉180公克

水麵糰：

　T55麵粉420公克
　鹽16公克
　礦泉水170公克
　白醋4公克
　軟化奶油135公克

製作步驟

油麵糰：

　桌上型攪拌器裝葉片形攪拌棒，膏狀奶油和麵粉放入攪拌缸。
　攪拌至麵糰質地均勻（A）。
　油麵糰放在烤盤紙上，擀成40×25公分的長方形（B）。
　冷藏1小時。

水麵糰：

　桌上型攪拌器裝葉片形攪拌棒，麵粉和鹽放入攪拌缸。加入水和白醋，然後放入軟化奶油，攪拌至麵糰質地均勻（C）。
　水麵糰放在烤盤紙上，擀成20×20公分的方形（D）。
　冷藏1小時。

摺疊：

　油麵糰撒少許麵粉，擀成水麵糰兩倍長度的長方形（E）。
　正方形水麵糰放在油麵糰中央，油麵糰摺起，完全蓋住水麵糰（F）。麵糰轉九十度。
　麵糰長度擀至寬度的三倍（G）。其中一端在長度的三分之二處向內摺，另一端也向內摺至兩端對齊。麵糰對摺。這叫做四摺法（tour double）（H）。
　麵糰轉九十度，再次擀開（I）。
　麵糰於三分之一處向中央摺（J），另外三分之一也向中央摺起至覆蓋其上（K）。這叫做三摺法（tour simple）。放入冰箱冷藏鬆弛1小時。
　重複此步驟，先四摺再三摺，然後冷藏鬆弛1小時（L）。
　擀至所需的厚度並切割。

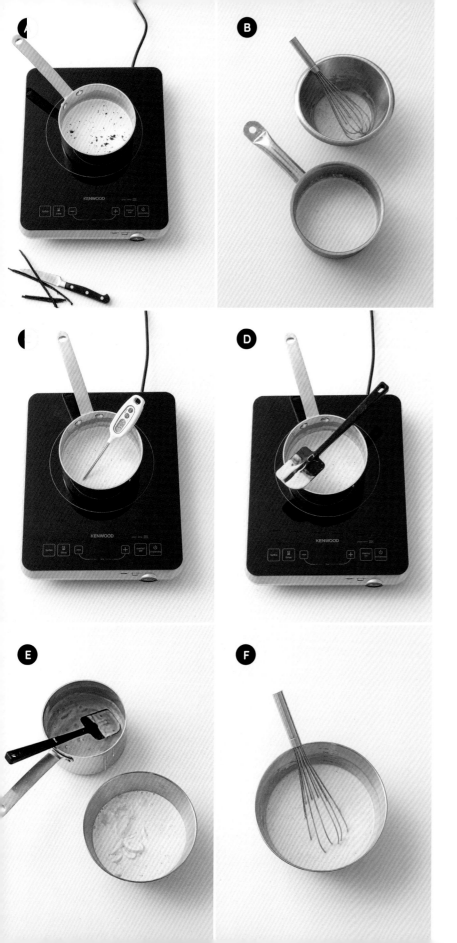

Crémeux
凝乳

配方

分量 / 凝乳 250 公克

工具

調理盆 1 個
打蛋器 1 個
鍋子 1 個
刮刀 1 把

材料

準備時間 / 10分鐘　靜置 / 5分鐘

魚膠吉利丁粉 1.5 公克
礦泉水 10.5 公克
全脂鮮乳 75 公克
液態鮮奶油 75 公克
馬達加斯加香草莢 1/2 條
蛋黃 28 公克
法芙娜® 歐帕莉絲（Opalys）33% 調溫白巧克力 93 公克

製作步驟

吉利丁泡水直到膨脹。
鍋中放入鮮奶油和鮮乳加熱。
放入刮出的香草籽（A），離火加蓋浸泡 5 分鐘。
加入蛋黃（B），放回火上加熱至 83°C（C），或是直到凝乳
的質地能包裹住刮刀（D）。
全體過濾，淋入吸飽水分的吉利丁和調溫白巧克力中（E），
攪拌均勻（F）。

Ganache montée
打發甘納許

配方

分量 / 甘納許350公克

工具

調理盆1個
打蛋器1個
鍋子1個
手持攪拌棒1個
桌上型攪拌器裝打蛋器

材料

準備時間 / 15分鐘　靜置時間 / 4分鐘　冷藏時間 / 12小時

魚膠吉利丁粉1公克
礦泉水7公克
全脂鮮乳50公克
青檸檬1/2顆,皮刨細絲
椰子泥35公克
香草莢1/2條
法芙娜® 歐帕莉絲(Opalys)調溫白巧克力130公克
液態鮮奶油135公克

製作步驟

吉利丁泡水直到膨脹。
鍋中放入鮮乳、檸檬皮絲和刮出的香草籽加熱(A)。離火後,加蓋浸泡4分鐘。過濾倒入椰子泥中混合均勻。
淋入吸飽水分的吉利丁和巧克力中(B和C)。
混合後加入冰涼的鮮奶油(D和E)。
冷藏12小時。
以桌上型攪拌器打發甘納許(F)。

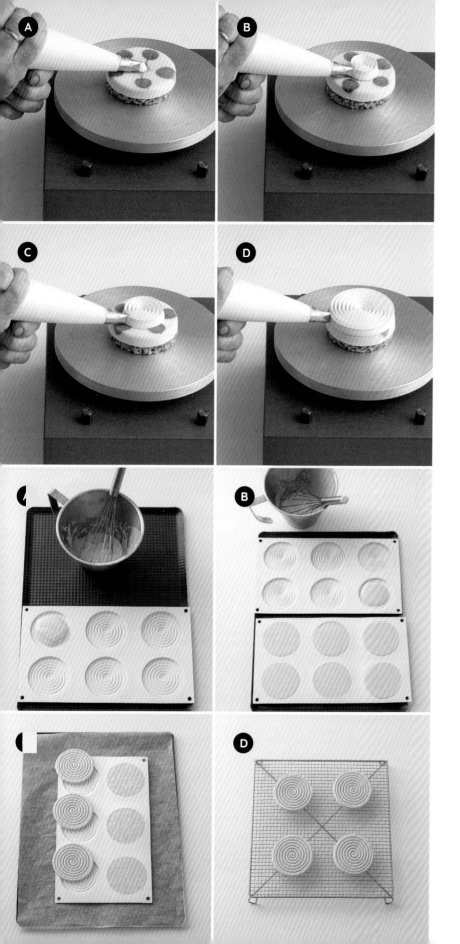

Tourbillon poché
擠花陀飛輪

工具

擠花袋
電動陶藝轉台1個或蛋糕轉台1個

方法

欲擠花的食品放在轉台中央。
擠花嘴放在食品的中央，然後開始輕輕施壓，擠出奶油擠花
（A）。依照食品的表面調整施壓力道，使蛋糕上的擠花均勻
漂亮（B到D）。

Tourbillon moulé
模具陀飛輪

工具

Silikomart® 陀飛輪多連模

方法

（A和B）備料倒入矽膠模具，敲打以排出氣泡。
（C）全部放入冷凍庫3小時，脫模。
（D）陀飛輪若需要上果膠，將之放在網架上（非必要步驟）。

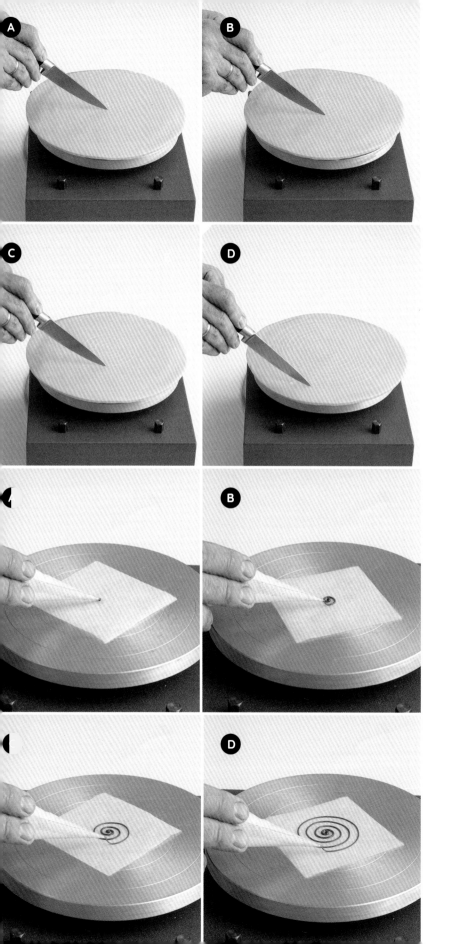

Tourbillon rayé
割紋陀飛輪

工具

電動陶藝轉台1個或蛋糕轉台1個
刀子一把

作法

將刷滿金黃烤色蛋液的塔皮放上電動轉台。刀鋒放在塔皮中央（A），開始慢慢轉動，直到整個表面劃滿規律的割紋（B至D）。

Tourbillon chocolat
巧克力陀飛輪

工具

烤盤紙
紙摺擠花袋筆
電動陶藝轉台1個或蛋糕轉台1個

作法

烤盤紙剪成8×8公分見方。
巧克力填入紙摺擠花袋筆，紙張放上轉台（A）。以持續均勻的力道擠壓擠花袋筆，做出規律的陀飛輪擠花（B至D）。放在陰涼處（18°C最理想）凝固。從中央小心取下陀飛輪，擺在小蛋糕上。

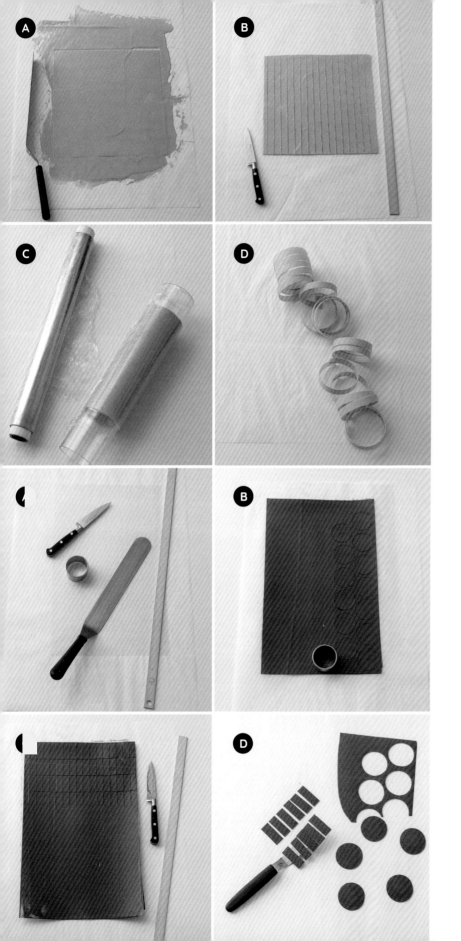

Anneaux
環

工具

電動陶藝轉台1個或蛋糕轉台1個
Rhodoïd® 塑膠片1張
烤盤紙1張
彎抹刀1把
刀子1把
直尺1支
直徑8公分PVC管子1個
保鮮膜

方法

（A）巧克力放在Rhodoïd® 塑膠片上，盡量抹薄。

（B）巧克力開始凝固時，切成寬2公分的長條，然後放在與
　　　Rhodoïd® 塑膠片大小相同的保鮮膜上。

（C和D）捲在PVC管上，以保鮮膜緊緊捲起，以支撐形狀，
　　　放在陰涼處4小時使之凝固（18°C最理想），然後
　　　脫模。

Disques et rectangles
圓片和長方片

工具

Rhodoïd® 塑膠片1張
烤盤紙1張
彎抹刀1把
所需直徑的圓切模或刀子一把
直尺1支
烤盤2個

方法

（A）巧克力放在Rhodoïd® 塑膠片上，盡量抹薄。

（B和C）巧克力開始凝固時，以圓形切模或刀子切出圓片或
　　　長方形。

（D）放在烤盤上，鋪上烤盤紙，然後蓋上另一個烤盤，使
　　　形狀保持平整。靜置陰涼處4小時冷卻（18°C最理
　　　想），然後取下巧克力片。

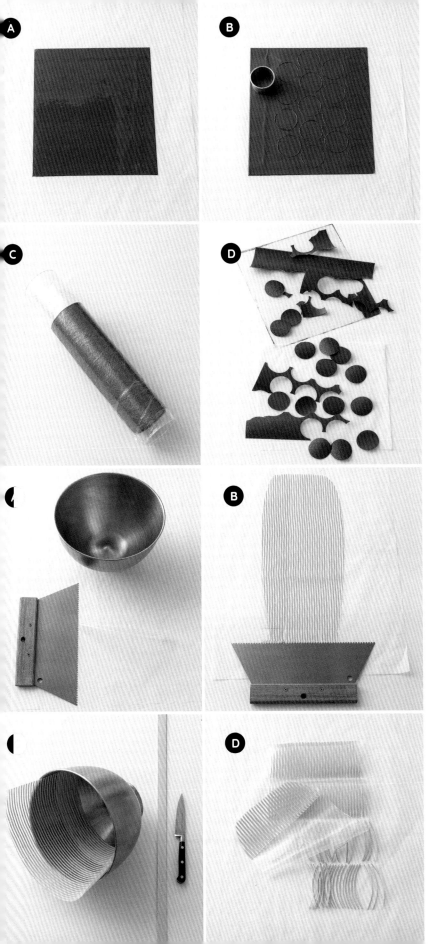

Tuiles
弧片

工具

Rhodoïd® 塑膠片 1 張
烤紙 1 張
彎抹刀 1 把
所需直徑的圓切模或刀子一把
直尺 1 支
直徑 10 公分 PVC 管 1 個
保鮮膜

方法

（A）巧克力放在 Rhodoïd® 塑膠片上，盡量抹薄。

（B）巧克力開始凝固時，以圓形切模或刀子切出想要的尺寸
　　　形狀。放在與 Rhodoïd® 塑膠片大小相同的烤紙上。

（C 和 D）捲在 PVC 管上，緊緊包上保鮮膜以支撐維持形狀，
　　　放在陰涼處約 4 小時使之凝固（18°C 最理想），然
　　　後取下。

Fils
細絲

工具

巧克力用玻璃紙 1 張
烤盤紙 1 張
裝飾用鋸齒刮刀 1 個
攪拌缸或調理盆 1 個
刀子 1 把
直尺 1 支

方法

（A 和 B）巧克力放在玻璃紙上抹平，用鋸齒刮刀劃出細絲。

（C 和 D）巧克力開始凝固時，將之切成 8 公分長，連同玻璃
　　　紙一起放進攪拌缸做出漂亮的弧度。放在陰涼處
　　　（18°C 最理想）降溫凝固，然後取下。

謝詞 Remerciements

我在繁忙緊湊的日常工作中抽空製作本書，花費了將近一年才完成，成果讓我非常驕傲又快樂。這也是為什麼我認為必須感謝完成這本美好著作過程中有所貢獻的人們。

首先是我的團隊，每日與我共同創造出色作品：Fanny Madrange、Victoire Cristini，尤其是我的助手陳星緯，他幫助我完成為數眾多的作品。

Laurent Rouvrais，本書攝影師，他是光影的魔法師，作品讓我愛不釋手。他為甜點錦上添花，留下永恆身影。

Orathay Sousisavanh，千金難得的助手，引導我完成所有步驟分解，工作量意想不到地繁重呢。

Silikomart公司的Rita，她非常熱心地提供製作部分甜點所需的模具。

Sylvie Amar，她是我才華洋溢的好友，多年來幫助我建立視覺形象。我要為這本書的精彩內容大大喝采。

我的家人，他們灌輸給我料理的美好價值，尤其是我已不在人世的母親Marie-Josée Brys，我好愛好愛她的蛋糕，也謝謝她遺傳了甜食味蕾給我。

我的妻子不斷給予我支持，當然我也不會忘記可愛的孩子們，他們非常喜歡享用其中幾道甜點。

La Chêne出版社，特別是Hélène Sevin和Audrey Genin對我的信心，並且讓我以我創作的技法為中心完成一本著作。同時也感謝Yumena Miyanaga用心編寫本書食譜。

我要大大感謝Evok Hôtels Colletion和Emmanuel Sauvage先生，這四年多來我非常高興能夠在Brach、Nolinski、Sinner和Cours des Vosges等飯店為他工作，並且讓我在Brach飯店留下作品。

感謝我在Brach飯店的團隊，特別是Luc Balavoine每日付出的絕佳工作品質。

最後我要感謝我的甜點界友人，以及「法國最佳工藝師」這個大家族，延續獨特的手藝技能，讓美好的專業價值能夠不受時間限制傳達出去。

Index 索引

TOURBILLON：
楊・布里斯的陀飛輪擠花甜點聖經

原 著 書 名	／Tourbillon
作 者	／楊・布里斯（Yann Brys）
譯 者	／韓書妍
企 畫 選 書	／陳思帆
責 任 編 輯	／陳思帆

版 權	／黃淑敏、林心紅
行 銷 業 務	／莊英傑、周丹蘋、黃崇華
總 編 輯	／楊如玉
總 經 理	／彭之琬
事業群總經理	／黃淑貞
發 行 人	／何飛鵬
法 律 顧 問	／元禾法律事務所　王子文律師
出 版	／商周出版

城邦文化事業股份有限公司
臺北市中山區民生東路二段141號9樓
電話：(02) 2500-7008 傳眞：(02) 2500-7759
E-mail：bwp.service@cite.com.tw

發　　　　　行　／英屬蓋曼群島商家庭傳媒股份有限公司城邦分公司
臺北市中山區民生東路二段141號2樓
書虫客服服務專線：02-25007718・02-25007719
24小時傳眞服務：02-25001990・02-25001991
服務時間：週一至週五上午09:30-12:00；下午13:30-17:00
郵撥帳號：19863813　戶名：書虫股份有限公司
E-mail：service@readingclub.com.tw
歡迎光臨城邦讀書花園 網址：www.cite.com.tw

香 港 發 行 所　／城邦（香港）出版集團有限公司
香港灣仔駱克道193號東超商業中心1樓
電話：(852) 25086231　傳眞：(852) 25789337
E-mail：hkcite@biznetvigator.com

馬 新 發 行 所　／城邦(馬新)出版集團【Cité (M) Sdn. Bhd.】
41, Jalan Radin Anum, Bandar Baru Sri Petaling,
57000 Kuala Lumpur, Malaysia
電話：(603)90578822　傳眞：(603) 90576622
E-mail：cite@cite.com.my

封 面 設 計	／徐璽
排 版	／豐禾工作室
印 刷	／高典印刷有限公司
經 銷 商	／聯合發行股份有限公司　電話：(02)2917-8022

■2020年7月2日初版
■2020年11月30日初版1.5刷

定價1200元

國家圖書館出版品預行編目資料

TOURBILLON：楊・布里斯的陀飛輪擠花甜點聖經 / 楊・布里斯
（Yann Brys）著；韓書妍譯. -- 初版. -- 臺北市：商周, 城邦文化
出版：家庭傳媒城邦分公司發行, 民 109.07
　　面；　公分

譯自：TOURBILLON
ISBN 978-986-477-860-7（精裝）

1.點心食譜

427.16　　　　　　　　　　　　　　　　　　109008114